RÉPUBLIQUE FRANÇAISE

MINISTÈRE DES COLONIES

…L, LE NATRON ET LES EAUX DE LA RÉGION DU TCHAD

PAR

M. LAHACHE,
…PHARMACIE, PHARMACIEN-MAJOR DE 1re CL.
…HÔPITAL MILITAIRE DE VERSAILLES.

M. FRANCIS MARRE,
EXPERT-CHIMISTE PRÈS LA COUR D'APPEL DE PARIS
ET LES TRIBUNAUX DE LA SEINE.

(EXTRAIT DES *DOCUMENTS SCIENTIFIQUES DE LA MISSION TILHO*, T. II.)

PARIS
IMPRIMERIE NATIONALE

MDCCCCXI

LE SEL, LE NATRON ET LES EAUX

DE LA RÉGION DU TCHAD

RÉPUBLIQUE FRANÇAISE

MINISTÈRE DES COLONIES

LE SEL, LE NATRON ET LES EAUX DE LA RÉGION DU TCHAD

PAR

M. LAHACHE,
DOCTEUR EN PHARMACIE, PHARMACIEN MAJOR DE 1re CL.
À L'HÔPITAL MILITAIRE DE VERSAILLES.

M. FRANCIS MARRE,
EXPERT-CHIMISTE PRÈS LA COUR D'APPEL DE PARIS
ET LES TRIBUNAUX DE LA SEINE.

(EXTRAIT DES *DOCUMENTS SCIENTIFIQUES DE LA MISSION TILHO*, T. II)

PARIS
IMPRIMERIE NATIONALE

MDCCCCXI

LE SEL, LE NATRON ET LES EAUX
DE LA RÉGION DU TCHAD

AVANT-PROPOS.

La mission Tilho a rapporté de son voyage en Afrique centrale un certain nombre d'échantillons d'eaux, de terres salines et de terres natronées prélevées dans la région du Tchad, échantillons que le chef de mission nous a demandé d'examiner dans le but d'effectuer le dosage qualitatif et quantitatif de leurs éléments.

Les résultats de notre examen sont consignés dans le présent mémoire que nous divisons en quatre chapitres :

Les terres salines et les eaux salées;

Le natron et les terres natronées;

Les eaux potables de la région du Tchad.

Les eaux du lac Tchad.

CHAPITRE PREMIER.

LES TERRES SALINES ET LES EAUX SALÉES DE LA RÉGION DU TCHAD.

Les échantillons qui nous ont été soumis sont les suivants :

Terres salifères	9 types.
Paniers laveurs	2
Eaux de lavage	5
Mongoul	1
Sel en barre	1

I. RÉSULTATS NUMÉRIQUES OBTENUS.

Méthode générale de travail adoptée. — Nous avons procédé dans le laboratoire de l'un de nous aux analyses nécessaires, mais nous nous sommes imposé dès l'abord comme règle absolue de travailler isolément, sauf à contrôler les uns par les autres nos résultats; nous avons acquis ainsi la possibilité de refaire ensemble, en cas de divergence d'appréciation, les opérations les plus délicates. Ce procédé nous a paru capable de réduire à leur minimum les chances d'erreur provenant de ce qu'on pourrait appeler l'équation personnelle.

D'une façon générale nous nous sommes servis pour tous nos dosages quantitatifs des méthodes pondérales que nous considérons comme les plus sûres; en certains cas, cependant, nous avons dû recourir aux méthodes volumétrique et colorimétrique; mais nous avons pris alors grand soin de ne considérer comme définitifs que les résultats strictement concordants fournis à chacun de nous par des manipulations autant que possible différentes.

Pour la commodité des choses, nous avons ramené par le calcul nos chiffres à ce qu'ils auraient été dans un laboratoire clos ayant une atmosphère calme, où la température serait de + 15° et la pression barométrique de 760 millimètres.

Résultats numériques obtenus. — Les tableaux suivants résument les données numériques auxquelles nous sommes parvenus.

ÉCHANTILLONS DE TERRES SALIFÈRES ET DE SELS COMESTIBLES.

CONSTITUANTS POUR 100 GRAMMES D'ÉCHANTILLON.	TERRES SALIFÈRES.									SELS.	
	ÉCHANTILLONS DE ZOUMBA.						ÉCHANTILLONS DE TATOUKOUTOU.		ÉCHANTILLON D'ADEBOUR.	ÉCHANTILLON DE GAMGAOUA.	ÉCHANTILLON du DALLOL-FOGA.
	Efflorescences salines de la 1re couche blanche.	Efflorescences salines au-dessous de la couche blanche.	Poussières de la terre au-dessous de la 1re couche de Gangouraça.	Gangouraça.	Terre de la mare autour des grands roseaux.	Paniers laveurs.	Gangouraça.	Efflorescences salines.	Paniers laveurs.	Pain de sel dit *Mongoul*.	Sel aggloméré.
Sels et substances minérales anhydres	93.00	94.00	69.00	99.00	89.30	98.00	99.00	96.00	99.00	99.80	90.00
Eau et matière organique	7.00	6.00	31.00	1.00	10.70	2.00	1.00	4.00	1.00	0.20	10.00
Substances minérales insolubles dans les acides (silice, silico-aluminates, argiles)	11.70	26.50	30.00	0.20	44.50	7.00	0.60	0.50	0.50	5.00	2.00
Substances minérales solubles dans les acides	81.30	68.00	39.00	98.80	44.80	91.00	98.40	95.50	98.50	94.80	88.00
NaCl	3.03	2.46	3.75	0.50	0.52	14.16	0.40	Traces.	0.23	68.50	53.00
$MgCl^2$	Traces.	Traces.	0.41	Traces.	0.35	″	″	″	″	4.00	″
Na^2CO^3	Traces.	0.37	5.00	0.69	0.35	9.60	0.50	Traces.	Traces.	5.20	″
Na^2SO^4	66.97	55.17	0.84	87.81	1.78	66.80	97.50	95.50	98.27	15.30	35.00
Solubles dans l'eau	70.00	58.00	10.00	89.00	3.00	91.00	98.40	95.50	98.50	93.00	88.00
$CaCO^3$	10.30	6.80	14.00	″	39.80	″	″	″	″	1.80	″
$CaSO^4$	1.00	3.20	15.00	9.90	2.00	″	″	″	″	″	″
CO^2 dégagé par 100 gram. (à 760^{mm} et 0°)	2500^{cc}	1500^{cc}	4300^{cc}	9160^{cc}	9168^{cc}	2200^{cc}	200^{cc}	″	″	1600^{cc}	″

ÉCHANTILLONS D'EAUX DE LAVAGE.

	ÉLÉMENTS MINÉRAUX 0/00cc.					GROUPEMENTS HYPOTHÉTIQUES.			
	ADEBOUR.			ZOUMBA.		ADEBOUR.			ZOUMBA.
	PUISARD. (1)	MARE À SEL. (2)	MARE À SEL. (3)	MARE À SEL. (4)		PUISARD.	MARE À SEL.	MARE À SEL.	MARE À SEL.
Densité	1030	1304	1420	1198		//	//	//	//
Cl évalué en NaCl	14.324	234	152	158	NaCl	14.324	234	152	138
SO^3	12.700	13.081	171.830	67.924	SO^4Na^2	15.420	21.800	305	118.20
CO^2	//	20	27.689	0.747	SO^4Mg	2	1.200	//	2
CaO	1.880	//	//	//	SO^4Ca	4.560	//	//	//
MgO	0.665	0.400	//	0.666	CO^3Na^2	//	48	73	1.80
Résidu anhydre	36.304	305	530	260	Poids des se's	36.304	305	530	260

(1) Liquide limpide; sans odeur appréciable; pas de dépôt; pas de gaz dissous; neutre au tournesol; pas d'organismes vivants; pas de matière organique. Eau industrielle.

(2) Liquide jaune paille; limpide; riche en matière organique; réaction alcaline. Eau industrielle.

(3) Liquide épais; noirâtre; laissant déposer des cristaux; chargé de matières organiques d'origine végétale; pas de gaz dissous. Eau industrielle.

(4) Liquide incolore; privé de gaz; réaction faiblement alcaline; pas de matière organique ni d'organismes. Eau industrielle.

Interprétation des résultats obtenus. — Il ne nous a pas paru possible de borner notre rôle à fournir au chef de la mission Niger-Tchad de simples listes de chiffres dont l'interprétation eût été à tout le moins malaisée. Aussi avons-nous cru devoir utiliser un nombre important de documents, pour la plupart inédits, et qui fixent la composition élémentaire de diverses eaux salées africaines; nous avons pu ainsi instituer des comparaisons avec les résultats numériques que nos analyses nous ont fournis.

Utilité des comparaisons instituées. — Il peut, au premier abord, sembler étrange qu'à propos d'une simple recherche chimique sur le sel soudanien, nous fassions intervenir des considérations multiples sur la composition du sel de quelques autres régions d'Afrique, voire même d'Europe. Mais l'intérêt principal d'une étude semblable à celle qui nous a été confiée réside précisément dans les comparaisons qu'elle suscite, et nous tenons à manifester notre regret de n'avoir pu donner à ces comparaisons mêmes toute l'ampleur que nous eussions désirée pour elles. Il eût été certainement curieux, et fort probablement intéressant, de mettre en œuvre des documents irréfutables sur la salinité des eaux appartenant aux bassins du Nil, du Chari, du Congo, etc.; il nous eût été, de la sorte, possible de pousser assez loin un travail qui, dans son état actuel, nous paraît être seulement l'ébauche d'un grand travail ultérieur [1].

C'est, en effet, par l'étude comparée des éléments salins que, dans les cas d'espèce analogues à celui qui se pose devant nous, la chimie peut parfois venir en aide à la géologie et contribuer à fournir la solution de certains problèmes difficiles.

Si, par exemple, l'attention des chimistes avait été retenue jadis sur la composition du résidu salin des eaux de certains *ouadis,* affluents du chott Melrir au N. E. et qui renferment des quantités notables de phosphates, les ingénieurs auraient pu, depuis longtemps, soupçonner la présence des immenses gisements phosphatiques de la région qui avoisine Tebessa. D'autre part, la présence anormale de nitrates dans les eaux de certaines rivières d'Atacama évoque le voisinage de salpêtrières naturelles. Enfin, c'est en comparant les résidus salins des eaux descendues des Ahoggars avec ceux des eaux qui s'infiltrent dans les Aurès, sur le versant Sud, qu'il a été possible d'établir d'une façon certaine la provenance des eaux artésiennes jaillies des nappes profondes de l'*oued* Rhir et de préciser qu'elles ne viennent pas du Nord, mais au contraire qu'elles représentent le lit souterrain de l'Igarghar.

[1] Peut-être nous est-il permis de formuler à ce sujet le vœu que les voyageurs ou les officiers appelés à parcourir le centre africain veuillent nous procurer dans un avenir prochain les nombreux échantillons d'eaux dont nous souhaitons effectuer l'analyse; ils nous permettront ainsi de mener à bien une tâche que nous espérons devoir être féconde, et nous serons heureux de contribuer, dans la faible mesure de nos forces, à l'œuvre civilisatrice qu'ils poursuivent.

C'est par un raisonnement analogue qu'on pourra sans doute établir quelque jour la non-existence ou l'existence — et, dans cette hypothèse, la nature — des relations du lac Tchad avec les bassins qui l'environnent.

Ceci, dit brièvement, a pour but d'expliquer les raisons pour lesquelles il nous a paru utile à un point de vue pratique d'effectuer une étude, même sommaire, des différentes sortes de produits contenant du chlorure de sodium rencontrées sur le continent africain et utilisées dans l'alimentation.

II. ÉTUDE GÉNÉRALE DU SEL ALIMENTAIRE EXISTANT SUR LE CONTINENT AFRICAIN.

Le sel dans l'Afrique septentrionale. — Dans le nord de l'Afrique, et une fois franchie la région purement méditerranéenne, le sel consommé provient à peu près exclusivement de gisements (Bilma, Taoudéni, Tegguida, Gribingui, Imgal) semblables à ceux de Wieliczka (Bohême), de Bochnia (Pologne), ou de Dieuze-de-Vic (France).

Ces gisements sont de deux sortes : les uns affectent la forme de couches contemporaines qui, toutes, paraissent s'être déposées à la même époque que celles qui les enclavent; les autres, au contraire, sont des amas postérieurs paraissant s'être intercalés après coup dans la masse stratifiée.

a. Tous les voyageurs s'accordent à déclarer que le sel de Bilma est un produit de qualité tout à fait inférieure : c'est pourtant un «article» que le commerce des caravaniers a répandu sur la plus grande partie du Sahara et du Soudan.

Il existe à Bilma trois salines, mais en chacune d'elles la préparation du sel ne donne lieu à aucune opération d'usinage intéressante : la matière première est simplement agglomérée et mise en barres.

Le sel de Bilma présente la composition élémentaire suivante :

Chlorure de sodium	12 p. 100
Sulfate de soude	79
Autres impuretés	9

b. Le sel de Taoudéni[1] est, au contraire, fort beau. Les gisements de cette station rappellent absolument les grands gisements d'Europe.

[1] M. Lacroix a cité, dans une conférence faite par lui, le 11 mars 1905, au Muséum d'histoire naturelle, les indications numériques suivantes, qui montrent l'importance des exportations de sel en provenance de Taoudéni :

D'après la statistique que le capitaine Théveniaut a faite sur place, le nombre exact des barres de sel transportées de 1899 à 1902 sur le marché de Tombouctou a été de 47,920. En admettant

Le colonel Laperrine et le lieutenant Cortier qui ont, les premiers, exploré la région de Taoudéni en ont donné une bonne description.

Les salines, disent-ils en substance, sont souterraines, et pour en extraire le sel il faut traverser une succession de six couches argileuses d'épaisseurs inégales (0 m. 10 à 2 mètres) et de natures géologiques différentes. Alors seulement on met à nu une première assise d'un sel coloré et, pour cette raison, assez peu apprécié.

Cette assise repose sur une nouvelle série de bancs argileux tantôt rouges et tantôt verts. Au-dessous du neuvième, on trouve une couche de sel très pur et assez blanc. Plus bas encore, la douzième couche est constituée par un sel de seconde qualité, séparé, par de nouvelles alternances de marnes colorées, de la quinzième couche qui est formée d'un sel excellent.

On n'a pas encore complètement prospecté ces mines très riches et, par suite, leur étendue n'a pas été déterminée.

Le chlorure de sodium qu'elles renferment est si bien cristallisé et si compact, qu'on le façonne directement en barres de 45 kilogrammes environ, destinées à l'exportation.

Bien certainement c'est Taoudéni qui fournit à la consommation le sel le plus pur de toute l'Afrique.

Les indigènes qui se livrent à son extraction sont de véritables spécialistes, et tout est digne de remarque dans le travail qu'ils effectuent; l'art avec lequel ils attaquent la mine, détachent les blocs, façonnent les barres, les conditionnent en vue des lointains voyages auxquels elles sont destinées, et l'adresse ingénieuse dont ils ont fait preuve pour concevoir et établir des outils très bien appropriés à l'usage que l'on attend d'eux, leur ont permis de créer une véritable industrie qui, malgré les moyens rudimentaires dont elle dispose, peut soutenir avantageusement la comparaison avec les industries similaires d'Europe.

c. Tegguida n'Tisem (Tegguida-la-Saline), dit le lieutenant Cortier, joue vis-à-vis des territoires du Bas-Niger et des régions situées entre le Niger et le Tchad le rôle que joue Taoudéni vis-à-vis du pays du Haut-Niger et que joue encore Bilma vis-à-vis des zones avoisinant le Tchad. C'est, pour le pays des Touaregs Oulliminden, pour l'ouest de l'Aïr, pour le Tagama et le Damergou, pour les provinces de Sokoto, de Kano, Birni-n'Konni, Tahoua, le seul centre d'approvisionnement de sel; mais là, c'est par des procédés assez analogues à ceux des marais salants qu'on opère, en extrayant le sel contenu dans une terre salifère.

le prix faible de 20 francs par barre, on arrive à 958,400 francs; avec un poids moyen de 30 kilogrammes par barre, le poids total serait de 1,437,000 kilogrammes, ce qui met le prix du kilogramme à 0 fr. 60, en douane de Tombouctou. Le capitaine Théveniaut estime que la fraude en soustrait au fisc une quantité considérable

On soumet, dans des bassins fermés, cette terre à des lavages répétés. Les eaux-mères sont mises à décanter dans des bassins fermés à parois d'argile. La terre, le sable, certains principes minéraux inutiles se déposent. L'eau éclaircie est envoyée ensuite dans des bassins d'évaporation où le sel cristallise. Le produit est finalement repris, manipulé, malaxé et façonné en barres de 25 kilogrammes environ.

Le sel ainsi livré aux caravanes est extrêmement impur, de couleur terreuse, mélangé d'argile et de sels de soude divers. Il est de qualité très inférieure au sel de Taoudéni qui ne renferme pas plus de 2 p. 100 d'impuretés, mais néanmoins supérieur au sel de Bilma.

A côté de ces sels très répandus et très estimés, d'autres ont une clientèle plus modeste.

d. Le sel de Gribingui est un mélange de chlorure sodique, de carbonate et de sulfate de soude, avec beaucoup de chlorure de potassium.

Il se sépare, par décantation et cristallisation, dans les eaux de lessivage des cendres de certaines plantes.

e. Le sel brun d'Imgal est du chlorure de sodium avec une faible proportion de carbonate et de sulfate de soude. Sa couleur rouge est due à la présence de composés ferrugineux.

Le Sud de l'Algérie est relativement riche en gisements salins appartenant à la seconde catégorie, dans le terrain tertiaire supérieur, en bordure du Sahara (salines du Sud-Algérien, région de Laghouat, Djebel-Garrighou, etc.); toutefois les mines de sel les plus considérables de cette région sont analogues à celles de Cardona (Espagne), qui se trouvent dans la craie et affleurent la surface du sol, circonstance absolument unique en Europe. Ville (1851) a été le premier à étudier, près de Laghouat, un gisement tout semblable. A 30 kilomètres environ au Nord de Biskra, c'est non seulement un affleurement, mais une véritable montagne de sel qu'on rencontre, dominant de plus de 100 mètres la verte oasis d'El Outaya; là, sont entassés dans un indescriptible chaos, des blocs de sel de toutes formes et de tous volumes qui possèdent tous une teinte uniforme d'un jaune rougeâtre. Aucune végétation dans ce paysage purement minéral; du reste, les pluies sont, dans la région, d'une rareté extrême, puisque, à vingt ans de distance, l'un de nous a retrouvé immuablement intacte l'énorme masse soluble qu'il avait vue dans les premières années de sa vie militaire et constaté qu'elle profilait toujours sur l'implacable azur du ciel saharien la même crête aux dentelures irrégulières, la même silhouette bizarrement fantaisiste.

En somme, il existe dans le Nord de l'Afrique suffisamment de mines de chlorure de sodium pour que la consommation locale soit à peu près assurée par leur exploitation directe : le sel de Taoudéni, celui des salines du Sud algérien (région de Laghouat, Djebel-Garrighou, etc.) et celui de Bilma peuvent être appliqués à l'alimentation sans qu'il faille leur faire subir aucun traitement préalable.

Les efflorescences salines du Sahara. — Il en est de même de celui des efflorescences qui s'étendent sur une grande partie du sol saharien.

Ces efflorescences sont diverses dans leurs origines. Les plus importantes sont simplement le résultat de l'évaporation solaire de l'eau des chotts et des mares. Elles tapissent le fond d'un grand nombre de dépressions situées entre l'Algérie proprement dite, le Touat et l'Aïr, et fournissent un sel très impur dont cependant les indigènes se contentent pour leur cuisine rudimentaire. Elles mériteraient plutôt le nom de «dépôts salins» que celui d'efflorescences véritables, et les cuvettes où elles existent sont plus ou moins remplies d'eau pendant quelques semaines de l'année.

Mécanisme de leur formation. — Au contraire, les efflorescences véritables se forment suivant un mécanisme tout différent, et à peu près en toutes saisons.

Il existe, dans le territoire saharien, d'immenses espaces dont le sol, imprégné de sels solubles, parmi lesquels prédominent les chlorures alcalins et les sulfates alcalino-terreux, absorbe pendant la nuit, grâce à sa perméabilité très grande, la faible humidité de l'atmosphère. L'eau qui se condense alors par suite du refroidissement progressif des couches aériennes pénètre en lui par capillarité et peut-être aussi, dans une certaine mesure, par la seule action de la pesanteur. C'est un phénomène inverse de celui du rayonnement nocturne qui lui est concomitant; la terre cède de sa chaleur à l'espace, qui lui cède en échange une partie de son humidité. Pendant le jour, au contraire, l'eau absorbée remonte à la surface où elle s'évapore, abandonnant les sels solubles dont elle s'est chargée dans les profondeurs. Dans certaines régions, ces efflorescences persistent nuit et jour avec une intensité à peu près égale; dans d'autres, l'humidité nocturne produit en elles une déliquescence plus ou moins marquée.

Le sel qui les constitue se présente sous une forme moins agglomérée, moins tassée, pourrait-on dire, que celui des dépôts qui tapissent les mares; dans leur ensemble, les efflorescences ont un aspect soyeux très caractéristique, et les voyageurs parcourant les terres qu'elles recouvrent ont l'illusion de fouler aux pieds, pendant de longues étapes parfois, des nappes resplendissantes de neige immaculée.

Le sel des populations soudaniennes. — Qu'il provienne des gisements algériens, du dépôt des chotts et des mares, ou des efflorescences superficielles

IMPRIMERIE NATIONALE.

de certaines régions, le sel que l'on rencontre dans le Nord de l'Afrique est toujours un produit naturel d'une pureté relativement assez grande. Au contraire, celui que consomment les populations soudaniennes est un produit fabriqué, résultant d'une ingénieuse transformation de divers matériaux primitifs, et la série d'opérations qui l'usinent dénote une habileté industrielle tout à fait remarquable chez les indigènes de peuplades ignorantes que la nécessité a transformés en chimistes.

III. EXPOSÉ THÉORIQUE DE LA FABRICATION DU SEL SOUDANIEN.

La fabrication du *mongoul* par les populations soudaniennes se résume, si on l'envisage au point de vue de la chimie appliquée, en une lixiviation de terres salifères suivie de concentration à chaud des eaux de lavage permettant de recueillir l'ensemble des sels en dissolution, toujours plus ou moins souillés d'impuretés diverses.

Lixiviation proprement dite. — Les indigènes se servent, pour traiter les terres salifères dont la tradition leur a fait connaître les propriétés, de paniers laveurs tronconiques très grossiers, faits en paille de *gamba*, et dans lesquels la terre entassée est traitée par lixiviation aqueuse. Ce procédé primitif ne peut moins faire que laisser passer des particules siliceuses et argileuses insolubles qui ne sont pas éliminées au cours des opérations ultérieures.

Concentration à chaud des eaux de lavage. — Le liquide qui s'écoule, approximativement filtré par son passage même à travers les terres lixiviées, est concentré dans des chaudières en argile chauffées par-dessous au moyen d'un feu nu produit par la combustion de chaumes secs et de graminées : l'ébullition arrive après un temps généralement fort long; quand elle est devenue intense, les travailleurs commencent à agiter sans répit la masse liquide en la brassant au moyen de ringards improvisés, qui sont de simples tiges ligneuses ou des balais de branchages : tout naturellement, ils éraillent plus ou moins, en agissant ainsi, les parois de la chaudière et en détachent des poussières argileuses dont une partie demeure en suspension dans les eaux de lixiviation bouillantes.

On a pu expliquer ainsi d'une façon plausible la teneur élevée (5 p. 100) du *mongoul* en matières minérales insolubles, qui sont de la silice, de l'argile et du carbonate de chaux. L'art du Soudanais, en effet, ne s'élève pas jusqu'à l'élimination des produits inutiles par des décantations successives et convenablement conduites.

Récolte des sels comestibles. — La chauffe est arrêtée non quand la saturation est complète mais au moment où la masse, devenue pâteuse, se prend d'un coup; les sels, amenés à l'état presque anhydre, sont récoltés; leur dessiccation est achevée par exposition au soleil.

Plan général adopté pour l'étude systématique du sel soudanien. — Nous examinerons successivement, d'après les résultats analytiques que nous avons obtenus, et en effectuant — toutes les fois que la chose sera possible — des comparaisons avec les résultats des travaux effectués par nos devanciers :

1° Les terres salifères;

2° Le résidu solide de la lixiviation (paniers laveurs);

3° Le résultat liquide de la lixiviation (eaux de lavage);

4° Le sel provenant de l'opération, et livré à la consommation par les sauniers de la région qui avoisine le Tchad.

Nous nous attacherons, chemin faisant, à fixer la technique employée par eux au cours des opérations successives auxquelles ils se livrent, de façon à en établir les imperfections et à rechercher les modifications de principe ou de détail dont il serait souhaitable d'amener l'adoption.

IV. LES TERRES SALIFÈRES.

Les échantillons de terres salifères que nous avons examinés peuvent être, pour la commodité de l'étude, classés de la façon suivante :

1° Deux échantillons étiquetés « *Gangouraça* » ou « *Gangarouça* », l'un provenant de Zoumba, l'autre provenant de Tatoukoutou;

2° Un échantillon étiqueté : « Poussière de la terre au-dessous de la première couche de *Gangouraça* »;

3° Trois échantillons d'efflorescences salines dont :

a. Le premier, étiqueté « Efflorescences salines au-dessous de la couche blanche provenant de Zoumba »;

b. Le second, étiqueté : « Efflorescences salines couche blanche de Zoumba »;

c. Le troisième, étiqueté : « Efflorescences salines de Tatoukoutou »;

4° Trois échantillons de terre étiquetés :

Le premier : Terre de puits, eau bonne à boire de Tatoukoutou;

Le second : Terre de puits à l'intérieur de la mare de Chéri;

Le troisième : Terre de la mare autour des grands roseaux de Zoumba.

Gangaraça ou **Gangarouça.** — Les deux échantillons étiquetés « *Gangaraça* » ou « *Gangarouça* » sont d'une remarquable blancheur. Ils sont formés d'un enchevêtrement de cristaux constituant une roche ou croûte solide assez dure, et qu'il est relativement difficile de briser.

Tous deux sont à peu près exempts d'humidité et constitués par du sulfate de soude cristallisé dans la forme orthorhombique (thénardite). Leur solution laisse déposer un résidu d'argile très faible; il ne renferme que très peu de chlorure de sodium et de carbonate de soude.

Seule, la thénardite de Zoumba contient, en outre, un peu de sulfate de chaux.

Le tableau suivant résume la composition élémentaire des deux échantillons :

	GANGAROUÇA DE TATOUKOUTOU.	GANGAROUÇA DE ZOUMBA.
Substances minérales anhydres dans 100 grammes d'échantillon	99	99
Eau et matières organiques	1	1
Substances minérales insolubles dans les acides (argile)	0.600	0.200
Substances minérales solubles dans les acides	98.400	98.800
Chlorure de sodium, en NaCl	0.400	0.500
Chlorure de magnésium, en $MgCl^2$	traces.	traces.
Carbonate de soude, en Na^2CO^3	0.500	0.690
Sulfate de soude, en Na^2SO^4	97.500	87.810
Substances minérales solubles dans l'eau	98.400	89

Poussière de la terre au-dessus de la première couche de Gangarouça. — Le tableau suivant donne les résultats analytiques obtenus :

Substances minérales anhydres dans 100 grammes d'échantillon	69
Eau et matières organiques	31
Substances minérales insolubles dans les acides (argile)	30
Substances minérales solubles dans les acides	39
Chlorure de sodium, en NaCl	3.750
Chlorure de magnésium, en $MgCl^2$	0.410
Carbonate de soude, en Na^2CO^3	5
Sulfate de soude, en Na^2SO^4	0.840
Substances minérales solubles dans l'eau	10
Carbonate de chaux, en $CaOO^3$	14
Sulfate de chaux, en $CaSC^4$	15
Substances minérales solubles dans les acides, peu ou pas solubles dans l'eau	29

Cette terre est riche en argile et en humidité : elle constitue une véritable marne peu perméable. Elle est un peu plus salée que la terre qui la recouvrait, légèrement magnésienne et renferme, par ordre de décroissance, du sulfate, du carbonate de chaux, du carbonate de soude et du sulfate de soude. La proportion de ces minéraux est rationnelle. C'est dans cet ordre que ces sels en dissolution dans l'eau doivent se déposer par suite de l'évaporation du solvant.

La terre examinée se rapproche beaucoup par sa composition des marnes vertes formant le fond des chotts entre Tougghourt et Ouargla, et qui contiennent de 30 à 40 p. 100 de silico-aluminates. Elle est beaucoup moins riche en éléments silicatés que les marnes de la région méditerranéenne, lesquelles renferment jusqu'à 74 p. 100 d'argile (argile du fond du lac d'Arzew, analysée par l'un de nous).

Efflorescences salines. — Les trois échantillons analysés ont la composition élémentaire suivante :

DÉSIGNATION.	ZOUMBA.		TATOUKOUTOU.
	EFFLORESCENCES au-dessous de la couche blanche.	EFFLORESCENCES SALINES ; première couche blanche.	EFFLORESCENCES.
Substances minérales anhydres dans 100 gr. d'échantillon	94	93.	96
Eau et matière organique	6	7	4
Substances minérales insolubles dans les acides (argile)	26	81.300	0.500
Chlorure de sodium, en NaCl	2.460	3.030	Traces.
Chlorure de magnésium, en $MgCl^2$	Traces.	//	//
Carbonate de soude, en Na^2CO^3	0.370	Traces.	Traces.
Sulfate de soude, en Na^2SO^4	55.170	66.970	95.500
Substances minérales solubles dans l'eau	58	70	//
Carbonate de chaux, en $CaCO^3$	6.800	10.300	//
Sulfate de chaux, en $CaSO^4$	3.200	1	Traces.
Substances minérales solubles dans les acides; insolubles ou peu solubles dans l'eau	10	11.300	//

Ces trois échantillons sont de véritables « mines de sulfate de soude », le dernier surtout, qui pourrait presque être classé parmi les échantillons de thénardite dont nous avons donné la composition *supra*.

Le *Gangouraça* et les efflorescences de Tatoukoutou sont pour ainsi dire identiques et ne diffèrent que par leur taux d'humidité. Les efflorescences de Zoumba sont relativement riches en argile et, naturellement, c'est la couche inférieure qui en est la plus chargée : 26 p. 100 au lieu de 11.7 p. 100. La répartition des autres sels insolubles dans l'eau diffère peu dans ces deux échantillons.

Les efflorescences de la surface sont blanches, tandis que celles de la couche inférieure sont teintées de jaune.

Terres de puits. — Les deux échantillons analysés ont la composition élémentaire suivante :

	TATOUKOUTOU.	CHÉRI.
Substances minérales anhydres dans 100 grammes d'échantillon	88	81.400
Eau et matières organiques	12	18.600
Substances minérales insolubles dans les acides (argile)	68	16.900
Substances minérales solubles dans les acides	20	64.500
Chlorure de sodium, en NaCl	traces.	0.350
Chlorure de magnésium, en $MgCl^2$	"	"
Carbonate de soude, en Na^2CO^3	3.400	0.200
Sulfate de soude, en Na^2SO^4	1.600	4.450
Substances minérales solubles dans l'eau	5	5
Carbonate de chaux, en $CaCO^3$	13	54.500
Sulfate de chaux, en $CaSO^4$	2	5
Substances minérales solubles dans les acides, insolubles ou peu solubles dans l'eau	15	59.500

L'une de ces terres est une argile crayeuse ou marne argileuse de Tatoukoutou ; elle contient un peu de gypse, pas de chlorure de sodium, de faibles quantités de carbonate et de sulfate de soude.

L'autre (Chéri) est une marne calcaire présentant à peu près les rapports $\frac{\text{argile}}{\text{carbonate de chaux}}$ inverses de la première, avec les mêmes impuretés de gypse et de sulfate de soude, ainsi que des traces de sel et de natron.

Toutes deux sont d'un blanc légèrement gris.

La composition de la terre provenant de Chéri suscite la remarque suivante : Si on cherche dans cette terre, supposée privée d'eau, le rapport $\frac{\text{argile}}{\text{craie}}$, on le trouve égal à $\frac{67}{21}$. Or, la moyenne des analyses des calcaires à ciment renommés de l'Isère (Porte de France) donne une fraction à peu près semblable $\frac{70.46}{22.04}$. (*Étude sur la fabrication et les propriétés des ciments de l'Isère, par M. Gobin, ingénieur des ponts et chaussées. Paris, 1869. Dunod, éditeur.*)

Il est donc probable que le calcaire argileux de Chéri, privé par un lavage convenable des sels solubles qui le souillent, pourrait rendre les mêmes services que les calcaires grenoblois et fournir le matériau d'un ciment d'excellente qualité industrielle.

Terre de la mare autour des grands roseaux (*Zoumba*). — L'échantillon analysé se présente sous l'aspect d'une terre blanche légèrement teintée de gris.

Sa composition élémentaire est la suivante :

Substances minérales anhydres dans 100 grammes d'échantillon	89.3
Eau et matières organiques	10.7
Substances minérales insolubles dans les acides (argile)	44.5
Substances minérales solubles dans les acides	44.8
Chlorure de sodium, en $NaCl$	0.52
Chlorure de magnésium, en $MgCl^2$	0.35
Carbonate de soude, en Na^2CO^3	0.35
Sulfate de soude, en Na^2SO^4	1.78
Substances minérales solubles dans l'eau	3
Carbonate de chaux, en $CaCO^3$	39.80
Sulfate de chaux, en $CaSO^4$	2
Substances minérales solubles dans les acides, insolubles ou peu solubles dans l'eau	41.80

Cette composition correspond à celle d'une marne calcaire où l'argile et la craie entrent en parties à peu près égales, avec toutes les impuretés des mares à natron, mais en faibles quantités.

A propos de l'argile existant dans les terres de Zoumba, nous croyons devoir formuler une remarque.

Le taux de l'insoluble augmente, à partir des produits de surface jusqu'aux prélèvements inférieurs, d'une façon régulière et suivant la succession des dépôts. Ainsi, il est de 0.2 p. 100 dans le *Gangarouça,* de 10 p. 100 dans le natron, de 11.7 p. 100 dans la première couche d'efflorescence, de 26 p. 100 dans la deuxième, de 30 p. 100 dans la couche qui vient au-dessous et de 44 dans la terre de la mare.

Le sulfate de soude produit une progression inverse et passe de 87.81 pour 100 dans le *Gangarouça* à 1.78 p. 100 dans la terre de la mare. Aucune loi n'apparaît bien nettement dans la répartition du chlorure de sodium; mais c'est surtout dans la couche improprement appelée natron qu'il domine. C'est surtout dans la couche en contact direct avec la terre de la mare que paraît localisé le natron, où on en trouve relativement peu, 5 p. 100, mais plus encore toutefois que dans l'échantillon étiqueté «natron», lequel a les plus grandes analogies avec les efflorescences solides au-dessous de la première couche blanche.

Le carbonate de chaux suit une progression parallèle à celle de l'argile et passe de 0 p. 100 dans le *Gangarouça* et de 6.50 p. 100 dans les dépôts efflorescents supérieurs, à 39.80 p. 100 dans la constitution du sol inférieur. Le sulfate de chaux, dont la terre profonde est pauvre, se localise à la partie inférieure des dépôts, où il peut atteindre 15 p. 100.

V. PANIERS LAVEURS.

Les paniers tronconiques en gamba tressée, dont les indigènes soudanais se servent pour entasser la terre saline raclée sur le fond de certaines dépressions de leur territoire, sont, à tout prendre, des lixiviateurs primitifs. La masse saline, résidu de lixiviation, qui remplit leur cavité évasée est cristalline, dure, fortement agglomérée, légèrement brune; elle garde la forme du moule qui l'a contenue.

Celles de ces masses qui ont été soumises à notre examen avaient à peu près 60 centimètres de hauteur, avec un diamètre supérieur de 50 centimètres environ et un diamètre inférieur de 15 centimètres.

Nous avons analysé deux échantillons, respectivement étiquetés «Zoumba» et «Adebour». Les résultats obtenus ont été les suivants :

	ZOUMBA.	ADEBOUR.
Chlorure de sodium, en NaCl	14.60	0.23
Chlorure de magnésium, en $MgCl^2$	traces.	//
Carbonate de soude, en Na^2CO^3	9.60	//
Sulfate de soude, en Na^2SO^4	66.80	98.27
Substances minérales insolubles dans les acides : silice, silico-aluminates ferrugineux	7	0.50
Eau et matières organiques	2	1

Les nombres portés à ce tableau représentent la composition moyenne d'un pain; l'analyse qui a permis de les établir a porté sur le mélange de différentes prises d'essai pratiquées à diverses hauteurs dans le pain.

La partie supérieure du cône de Zoumba ne renferme que des traces de matières minérales insolubles; elle est presque exclusivement constituée par du chlorure de sodium (environ 20 p. 100) et du sulfate de soude (près de 80 p. 100). La partie inférieure est la plus riche en composés siliceux et en carbonate de soude. Le taux d'humidité est à peu près égal dans toute la masse.

On voit, au premier coup d'œil, que l'échantillon de Zoumba est incomplètement épuisé de chlorure de sodium, tandis que celui d'Adebour n'en renferme plus que des traces.

De la comparaison d'un pain épuisé comme celui d'Adebour avec la barre de sel qui en a été extraite, nous pourrions tirer des conclusions exactes sur la composition de la terre avant son épuisement, mais il nous manque pour cela trois choses : le poids du pain ou cône épuisé, le poids du sel obtenu, le volume de l'eau salée employée à la lixiviation; l'étude des terres salées rapportées par la mission permet cependant de combler cette lacune, tout au moins dans une certaine mesure.

Il est probable que le *mongoul* que nous avons analysé et qui est étiqueté «Gamgaoua» est le produit final comestible laissé par un cône, tel que celui que nous venons d'examiner (Adebour).

Il y a intérêt à les rapprocher et à comparer leur composition et on peut admettre approximativement qu'une terre salée de la région d'Adebour complètement épuisée de sel (NaCl) donne, pour cent :

	UN SEL COMESTIBLE À	UN RÉSIDU À
NaCl	68.50	0.23
MgCl	4	0
Na^2CO^3	5.20	9.60
Na^2SO^4	15.30	98.27

Nous laissons de côté les autres impuretés moins importantes et qui, comme l'insoluble total, peuvent provenir des chaudières d'argile.

Nous n'insisterons pas sur l'échantillon étiqueté «Zoumba». Il renferme encore du carbonate de soude; d'autre part, le rapport du chlorure de sodium à l'humidité ne peut être comparé au même rapport dans les eaux les plus chargées servant à lixivier. C'est un pain qui a été abandonné bien avant que l'épuisement ait été consommé ou qui n'a peut-être pas été épuisé du tout.

VI. EAUX DE LAVAGE.

Notre examen a porté sur cinq échantillons respectivement étiquetés :

1° Adebour, puisard;

2° Adebour, mare à sel, eau de lavage;

3° Adebour, eau de lavage;

4° Zoumba, mare à sel, eau de lavage;

5° Tatoukoutou, mare saline, eau de lavage.

Toutes ces eaux, sauf celle du puisard d'Adebour, constituent des solutions salines saturées.

Dans les bouteilles où elles ont été recueillies, d'énormes cristaux se sont déposés sur les parois du verre. L'eau-mère séparée de ces cristaux ne donne lieu à aucun dépôt. Aucune de ces eaux ne renferme de gaz en quantité appréciable, ni de matière argileuse en suspension. L'eau de Tatoukoutou seule a laissé déposer du carbonate de chaux qu'elle contenait au moment de la mise en bouteille, dissous à la faveur d'un excès d'acide carbonique.

Adebour. (*Puisard.*) — L'eau du puisard d'Adebour est une des moins chargées parmi les eaux de cette classe.

Sa composition élémentaire à + 15° est la suivante :

Densité	1030
Résidu anhydre	36.304
Chlorure de sodium, en $NaCl$	14.324
Sulfate de chaux, en $CaSO^4$	4.560
Sulfate de soude, en Na^2SO^4	15.420
Sulfate de magnésie, en $MgSO^4$	2

Elle est faiblement colorée en jaune et ne renferme que peu de matières organiques provenant de son contact plus ou moins prolongé avec les plantes de la région, pas de matières en suspension, pas de produits ammoniacaux. Aucune cristallisation ne s'est produite dans le récipient qui la contenait.

Cette eau paraît provenir du lavage de dépôts salifères naturels.

Le résidu salin qu'elle donnerait par évaporation aurait la composition suivante :

Chlorure de sodium, en $NaCl$	39.5
Sulfate de chaux, en $CaSO^4$	12.5
Sulfate de soude, en Na^2SO^4	42.5
Sulfate de magnésie, en $MgSO^4$	5.5
Total	100

C'est donc un sel moins riche en chlorure de sodium que les sels africains et que le *mongoul* : il renferme une forte proportion de sulfate de soude.

Adebour. (*Mare à sel, eau de lavage.*) — Cette eau est une solution saline saturée présentant, à + 15°, la composition élémentaire suivante :

Densité	1304
Résidu anhydre	305
Chlorure de sodium, en $NaCl$	234
Sulfate de soude, en Na^2SO^4	21.80
Carbonate de soude, en Na^2CO^3	48
Sulfate de magnésie, en $MgSO^4$	1.20

Elle est légèrement colorée en jaune, limpide, sans dépôt apparent, contient des traces de matières organiques d'origine végétale et des sels de fer.

A + 15°, elle abandonne de gros cristaux incolores constitués par du chlorure de sodium avec environ 1/10e de sulfate de soude. Ces cristaux envahissent à peu près la moitié de l'espace occupé par le liquide dans la bouteille où il a été capté; pas de sels ammoniacaux.

Une telle eau évaporée donnerait un sel de composition suivante :

Chlorure de sodium, en NaCl	76.7
Sulfate de soude, en Na^2SO^4	7.1
Carbonate de soude, en CO^3Na^2	15.7
Sulfate de magnésie, en $MgSO^4$	0.5
TOTAL	100

Comparé au sel (NaCl) *Gamgaoua*, ce mélange apparaît plus riche en chlorure de sodium (76.7 au lieu de 68 p. 100) et notamment bien moins chargé d'impuretés surtout de sulfate de soude, bien que son taux en carbonate de soude soit plus élevé (15.7 au lieu de 5.20 p. 100).

Il est aussi bien plus riche en sel (NaCl) que le produit retiré du puisard d'Adebour; celui-ci renferme près de trois fois plus d'impuretés, parmi lesquelles le sulfate de soude tient le premier rang.

Adebour. (*Eau de lavage.*) — Cette eau est encore plus chargée que les précédentes.

A + 15°, elle a la composition élémentaire suivante :

Densité	1420
Résidu anhydre	530
Chlorure de sodium, en NaCl	152
Sulfate de soude, en Na^2SO^4	305
Carbonate de soude, en CO^3Na^2	73

C'est un liquide fortement coloré en brun par un contact prolongé avec des débris végétaux, et envahi par des cristaux énormes où le sulfate de soude domine. Il ne contient pas de sels ammoniacaux.

Son évaporation donnerait un produit ainsi composé :

Chlorure de sodium, en NaCl	28.70
Sulfate de soude, en Na^2SO^4	57.50
Carbonate de soude, en Na^2CO^3	13.80
TOTAL	100

C'est là un sel très impur, trop riche en sulfate de soude et qui, pour être transformé en *mongoul* comestible de la valeur du pain étiqueté *Gamgaoua*, devrait être repris et épuisé à l'eau chaude pour séparer l'excès de sulfate de soude. Il renferme en effet près de quatre fois plus de sulfate de soude que le *mongoul* analysé par nous et deux fois plus de carbonate de soude.

Les deux derniers échantillons d'Adebour sont extrêmement différents l'un de l'autre. Ils ne renferment pas les mêmes éléments et les rapports des sels qui leur sont communs sont dissemblables.

Il est intéressant toutefois de comparer ces deux échantillons.

L'eau de lavage d'une même opération est variable dans sa densité et dans sa composition chimique, suivant que la prise d'essai est faite au commencement, au milieu ou à la fin d'une lixiviation.

On pourrait croire que le troisième échantillon est une eau de fin d'opération (à cause de sa teneur élevée en sulfate de soude), une eau faisant suite, par exemple, à la solution du n° 2 si riche en chlorure de sodium ; mais son taux anormal de carbonate de soude (73 p. 100 dans le n° 3, alors que le n° 2 n'en contient que 48 p. 100) rend cette supposition peu vraisemblable.

Nous pensons donc que ces différences sont dues à la variété de composition chimique des terres situées sur le territoire d'Adebour.

Nous croyons aussi qu'Adebour peut produire un sel très riche, tel l'échantillon n° 2, qu'on pourrait facilement débarrasser de son excès de carbonate de soude.

Zoumba. (*Mare à sel, eau de lavage.*) — L'eau de lavage de Zoumba présente, à + 15°, la composition élémentaire suivante :

Densité	1188
Résidu anhydre	260
Chlorure de sodium, en NaCl	138
Sulfate de soude, en Na^2SO^4	118.20
Carbonate de soude, en Na^2CO^3	1.80
Sulfate de magnésie, en $MgSO^4$	2

Elle est peu colorée, limpide, sans dépôt amorphe; mais elle contient des cristaux nombreux, agglomérés, constitués par du sulfate de soude et du chlorure de sodium. Le sulfate de soude occupe les trois quarts de leur masse. La concentration de l'eau-mère donnerait un mélange ainsi composé :

Chlorure de sodium, en NaCl	53.07
Sulfate de soude, en Na^2SO^4	45.46
Carbonate de soude, en Na^2CO^3	0.70
Sulfate de magnésie, en $MgSO^4$	0.73
TOTAL	100

Ce sel serait très chargé en sulfate de soude : il en renferme trois fois plus que le pain de sel (*mongoul*) que nous avons analysé ; par contre, les impuretés qui le souillent, et qui sont constituées par le carbonate de soude et le sulfate de magnésie, sont insignifiantes.

Tatoukoutou. (*Mare saline, eau de lavage.*) — La composition de cette eau à + 15° est la suivante :

Densité	1280
Résidu anhydre	305
Chlorure de sodium, en NaCl	163.80
Sulfate de soude, en Na^2SO^4	137.40
Sulfate de chaux, en $CaSO^4$	3.80

Le liquide est un peu coloré et abandonne des cristaux mal définis, qui semblent terreux, dans le fond de la bouteille qui a servi au transport de l'eau; nous avons trouvé un dépôt ainsi constitué :

Carbonate de chaux, en $CaCO^3$	46
Chlorure de sodium, en NaCl	12
Sulfate de soude, en Na^2SO^4	38
Sulfate de chaux, en $CaSO^4$	4
TOTAL	100

Les cristaux qui tapissent le sommet de la bouteille sont constitués par un mélange de chlorure de sodium et de sulfate de soude avec de très faibles quantités de carbonate de chaux.

L'eau, débarrassée des cristaux, reste un peu trouble, à cause de traces d'argile qui la souillent; mais elle ne renferme pas de sels ammoniacaux, ni de gaz dissous.

Concentrée comme il convient, elle donnerait un résidu ainsi constitué :

Chlorure de sodium, en NaCl	53.7
Sulfate de soude, en $NaSO^4$	45
Sulfate de chaux, en $CaSO^4$	1.3
TOTAL	100

Le liquide qui provient de Zoumba a la plus grande analogie avec ce dernier; les rapports des éléments essentiels sont à peu près identiques :

$$\frac{\text{Résidu}}{\text{NaCl}} = \frac{305}{163} = \frac{260}{138} = 1.88.$$

$$\frac{\text{NaCl}}{Na^2SO^4} = \frac{163}{137} = \frac{138}{118} = 1.17.$$

de sorte que les quantités de NaCl et de Na^2SO^4 sont égales dans les deux résidus.

Aucune des eaux que nous avons examinées ne renferme de nitrates.

VII. ÉTUDE SPÉCIALE DU MONGOUL.

Composition élémentaire du mongoul. — L'échantillon de sel alimentaire (*mongoul*) qui nous a été soumis présente la composition élémentaire suivante [1] :

Chlorure sodique, en NaCl	68.500
Chlorure magnésique, en $MgCl^2$	4
Carbonate sodique, en Na^2CO^3	5.200
Sulfate sodique, en Na^2SO^4	15.300
Carbonate de chaux, en $CaCO^3$	1.800
Substances minérales insolubles dans les acides (silices et silico-aluminates ferreux)	5
Eau et matières organiques	0.200
TOTAL	100

Comparaison du mongoul avec le sel méditerranéen. — Au premier examen, ces résultats analytiques appellent une comparaison avec ceux qui correspondent aux sels provenant des marais salants méditerranéens.

L'un de nous, appelé au cours d'une expertise officielle à analyser du sel prélevé aux marais salants de Villeroy, près Cette (Hérault), a indiqué pour lui la composition élémentaire suivante, qui est la moyenne des résultats obtenus par l'analyse de trois échantillons prélevés en divers points d'un même tas :

Impuretés	0.096
H^2O	6.00
NaCl	91.97
$MgCl^2$	0.209
$CaSO^4$	1.019
$MgSO^4$	0.166

D'autre part, les analyses de Roux [2], qui sont classiques, fixent à ces sels les compositions élémentaires suivantes, dont chacune est la moyenne de nombreuses analyses.

[1] Plusieurs voyageurs ont signalé que le *mongoul* n'a pas toujours, en toutes les parties de ses pains, une valeur intrinsèque égale; au sommet du moule, il serait souvent souillé de sulfate et de carbonate de soude (5 p. 100 environ); au milieu, de sels étrangers (12 p. 100 environ); au fond du moule, de résidus argilo-calcaires. Ces constatations ne s'accorderaient guère avec la pratique de brasser la matière saline chaude jusqu'à ce qu'elle se prenne en masse, pratique qui se justifie chimiquement par la nécessité de diminuer autant que possible les projections du sel en voie de cristallisation. Il est possible d'ailleurs qu'elle ne soit pas générale et constante. En tout cas, nous n'avons pas constaté de différences aussi sensibles sur les diverses parties de l'échantillon de *mongoul* qui nous a été soumis.

[2] Ap. DICT. DE CHIMIE IND. DE VILLON, III, art. *sel marin*.

PROVENANCE DES SELS ANALYSÉS.	IMPURETÉS.	H^2O.	NaCl.	$MgCl^2$.	$CaSO^4$.	$MgSO^4$.	PERTES.
Figueras	0.120	2.070	96.664	0.234	0.650	0.245	0.015
Ayde	0.048	3.236	95.676	0.258	0.629	0.153	//
Cette	0.100	6.030	92.840	//	1.020	//	0.010
Berre n° 1	0.082	1.170	97.381	0.213	1.013	0.144	6.017
Berre n° 2	0.104	6.088	91.836	0.913	0.720	0.339	//
Hyères n° 1	0.100	1.838	97.124	0.148	0.732	0.048	0.010
Hyères n° 2	0.120	4.203	93.944	0.808	0.240	0.155	//
Rassuen	0.070	5.280	92.271	0.818	1.550	//	0.011
					Sulfates totaux.		
MOYENNES	0.091	3.990	94.411	0.450	0.551		//
	Eau et impuretés totales.						
MONGO L.	5.200		68.5	4	15.604		//

Pour la commodité du lecteur, nous avons indiqué, sous la rubrique *Moyennes*, des chiffres calculés en tenant compte à la fois des analyses de Roux et de celles que l'un de nous a effectuées à Villeroy; on peut les considérer comme correspondant à la composition normale du sel méditerranéen. Nous avons de plus rappelé la teneur du *mongoul* en certains de ses constituants.

Pourquoi le mongoul n'est pas un sel marin. — Si on compare le sel du Soudan à celui qui est recueilli dans les marais salants de la Méditerranée, on constate entre eux des différences importantes.

Le taux d'humidité est très faible dans le *mongoul*. Celui-ci renferme beaucoup plus de sulfates totaux que le sel des marais salants, et environ quatre fois plus de chlorure de magnésium. Le sel méditerranéen ne contient pas, ou ne contient que des traces indosables de composés du silicium et de l'aluminium, et ne renferme pas de carbonates.

D'autre part, le mongoul est relativement riche en sulfate de soude qui n'existe qu'en proportion très faible dans l'eau de mer et dans le sel provenant de l'exploitation des marais salants. Or, le sulfate de soude est un produit qui peut être qualifié de continental. Il peut se faire qu'il soit plus ou moins répandu sur divers points du sol soudanais, de même qu'il en existe dans certaines contrées telles que l'Espagne (Alcanandra) des gisements assez considérables.

Ensuite, nous n'avons trouvé dans l'échantillon examiné par nous que des traces négligeables de sels potassiques (chlorure ou sulfate); l'eau de mer, de son côté, n'en contient qu'une quantité faible (7 p. 1000 environ, évalué en chlorure) et le sel marin n'en renferme de traces appréciables que dans les cristaux abandonnés par les eaux-mères marquant de 29° à 32° Baumé.

Enfin, tandis que le *mongoul* ne renferme pas de sulfate de chaux, le sel marin en contient de 0,3 à 1 p. 100; tandis qu'il renferme du carbonate de soude, le sel marin n'en contient pas; tandis qu'il contient, en proportion assez forte, du sulfate de soude, le sel marin n'en contient pas.

Mais surtout, et c'est là un point auquel nous croyons avoir le droit d'attribuer une grande importance, le *mongoul* ne renferme pas de nitrates, et les recherches les plus minutieuses auxquelles nous nous sommes livrés ne nous ont fait trouver en lui ni composés du brome, ni composés de l'iode.

Or, on admet généralement que l'eau de mer contient en moyenne de 2 à 4 p. 1000 de brome et d'iode à l'état de bromure magnésien et d'iodure ou d'iodates sodiques. Nous n'avons pas trouvé dans le *mongoul*, même en faisant appel aux réactions qualitatives les plus sensibles, la moindre parcelle de ces deux corps.

En résumé, nous sommes donc fondés à dire que **le sel soudanais n'est en rien comparable à un sel d'origine marine.**

Comparaison du mongoul avec le sel gemme d'Europe. — Après avoir comparé le *mongoul* au sel marin, et montré qu'au point de vue chimique il ne présente avec lui aucune analogie, il convient de le comparer au sel gemme.

Dans ce but, il y a, tout d'abord, intérêt à donner en un tableau les compositions élémentaires des principaux sels gemmes dont les résultats d'analyse sont classiques.

DÉSIGNATION.	EAU.	MATIÈRES INSOLUBLES.	NaCl.	$MgCl^2$.	$CaCl^2$.	$CaSO^4$.	KCl.
Wieliczka	//	//	100.000	Traces.	//	//	//
Berchteigaden blanc	//	//	99.850	0.150	Traces.	//	//
Berchteigaden jaune	//	//	99.920	0.070	//	//	//
Hall (Tyrol)	//	//	99.430	0.120	0.250	//	//
Hallstadt	//	//	98.140	//	//	//	Traces.
Schwabischhall	//	//	99.630	//	//	0.280	0.090
Varangeville	0.200	2.740	93.839	0.093	0.048	3.070	0.010
Cardona	0.123	0.850	97.871	0.138	0.138	0.880	//
Vic (demi-gris)	//	//	97.800	//	1.900	0.300	//
Vic (gris)	0.700	//	90.300	//	//	5.000	2.000 (Sulf. pot.)
Ouled kebbad	0.600	0.500	97.800	1.100	//	//	//
Norwich	0.199	10.500	98.047	0.166	0.130	0.408	//
MOYENNE	0.364	3.647	97.718	0.262	0.493	1.656	0.700

Le premier examen des nombres portés à ce tableau établit que, dans le sel gemme consommé en Europe, le taux du non-chlorure sodique, c'est-à-dire en somme des impuretés totales, n'est que de 3 p. 100 environ, sauf dans celui de Varangeville, où il est de 7 p. 100. Dans le *mongoul* analysé par nous, il atteint au contraire 31 p. 100.

Dans le sel gemme, la principale impureté est le sulfate de chaux que nous n'avons pas trouvé dans le *mongoul*.

Comme celui-ci, le sel européen est souillé, mais en quantité bien moindre, de chlorure de magnésium, d'argile, de carbonate de chaux. Ces deux dernières substances atteignent à Varangeville 2.740 p. 100 : c'est la moitié de ce que renferme le *mongoul*.

Enfin le sel d'Europe ne renferme que des traces de sulfate et de carbonate de soude.

Comparaison du mongoul avec le sel extractif de l'Afrique du Nord. — Le sel des gisements de l'Afrique du Nord (car, malheureusement, nous n'avons sur les salines de Bilma et de Taoudéni que des renseignements bien restreints) se rapproche bien davantage par sa composition du *mongoul* soudanais.

Nous prenons comme type de comparaison le sel du Djebel Garrhigou (Sud du département de Constantine), qui fut analysé par l'un de nous. Il marque la transition entre les produits obtenus dans les stations telles que Vic, Dieuze, etc., et ceux qu'on récolte dans la région du Tchad.

Le tableau ci-après indique les compositions respectives des deux sels :

	MONGOUL.	DJEBEL GARRHIGOU.
Chlorure de sodium, en NaCl	68.50	82
Chlorure de magnésium, en $MgCl^2$	4	2
Carbonate de soude, en Na^2CO^3	5.20	
Carbonate de chaux, en $CaCO^3$	1.80	
Sulfate de soude, en Na^2SO^4	15.30	2.90
Sulfate de chaux, en $CaSo^4$		7
Substances minérales insolubles dans les acides (silice, silico-aluminates ferrugineux)	5	4.60
Eau et matières organiques	0.20	1.50

Le sel du Djebel Garrhigou est moins impur que le *mongoul;* mais il est plus souillé que celui de Varangeville qui est le moins pur des sels gemmes d'Europe.

Comme le *mongoul,* il renferme, mais en quantités moindres, du sulfate sodique qui, d'une façon très générale, ne se trouve pas dans les sels européens. La proportion de chlorure de magnésium qu'il contient l'éloigne des sels européens, pour le rapprocher du sel soudanais, et, d'autre part, il est souillé,

IMPRIMERIE NATIONALE.

comme le sel gemme du Nord, de sulfate de chaux qui est rare autour du Tchad.

Comparaison du mongoul avec le sel extrait de l'eau des chotts. — Nous avons dit *supra* que le Nord de l'Afrique est assez riche en gisements salins pour que l'exploitation des eaux salées des chotts et des efflorescences sahariennes puisse être pratiquement négligée. Toutefois, cette affirmation ne saurait être prise au pied de la lettre et dans un sens trop rigoureux.

Dans quelques contrées, en effet, notamment à Aïn-Yagout (Boutinelli), à l'extrémité orientale du Hodna, les indigènes, et même quelques Européens, utilisent l'eau des chotts qu'ils évaporent au soleil dans des bassins naturels, mais à laquelle ils ne font pas subir le traitement scientifique qui est de règle dans les salines maritimes. Ils se bornent à rejeter les eaux-mères finales.

C'est là une pratique qui peut être considérée comme intermédiaire entre ce qui se passe à Gamgaoua et ce qu'on fait au bord de la Méditerranée. Mais l'exploitation à laquelle elle répond est extrêmement réduite et ne fournit qu'aux seuls besoins locaux. Les caravanes ne transportent pas au loin le sel ainsi obtenu, tandis qu'elles assurent à celui de Bilma une très large exportation.

Le sel d'évaporation préparé à Aïn-Yagout renferme près de 20 p. 100 d'impuretés, comprenant du chlorure de magnésium, du sulfate de soude, du sulfate et du carbonate de chaux. A ce point de vue, il se rapproche assez sensiblement du *mongoul*. Mais il s'en différencie nettement par sa teneur en sulfate de chaux, laquelle peut atteindre 4 à 5 p. 100.

VIII. ON POURRAIT AMÉLIORER LA FABRICATION DU MONGOUL.

Il n'est pas indifférent de rechercher si, en instruisant les indigènes qui fabriquent le *mongoul*, et non pas en leur donnant une éducation chimique complète, ce qui serait illusoire ou tout au moins présenterait vraisemblablement des difficultés énormes, mais en leur inculquant quelques tours de main très simples, on ne pourrait pas leur fournir les moyens d'améliorer leur fabrication.

Extraction du sel de l'eau de mer. — Pour se faire une opinion à ce point de vue, il convient d'examiner d'abord dans ses grandes lignes le mécanisme de la préparation du sel dans les marais salants.

Les eaux marines étant amenées dans les bassins pour y être exposées à l'insolation prolongée qui les évapore graduellement et, par suite, les concentre, les premiers sels déposés au cours de la concentration sont le carbonate et le sulfate de chaux qui précipitent, alors que le chlorure de sodium est encore en solution. On se débarrasse d'eux par décantation.

Le sel marin ne commence à cristalliser que dans les solutions marquant de 25 à 26° B. A partir de ce point jusqu'à 30° B., le chlorure de sodium précipite en entraînant mécaniquement de faibles proportions d'impuretés (sulfate de chaux, sulfate et chlorure de magnésium). Enfin, au delà de 30° B., la précipitation du chlorure de sodium diminue, celle des corps plus solubles que lui augmente. En rejetant à temps au delà de 30° B. les dernières eaux-mères, on obtient donc un produit qui est pratiquement aussi pur que possible.

Ce qu'il faut apprendre aux indigènes. — Les sauniers soudanais ne savent pas tirer parti des décantations non plus que des cristallisations successives, pour fractionner leurs eaux de lixiviation. Mais, s'il paraît difficile, en l'état actuel de leur civilisation, de leur conseiller l'emploi du pèse-sel, peut-être pourrait-on trouver un moyen empirique à leur portée pour leur indiquer, d'une façon suffisamment précise, le moment où il conviendrait d'arrêter la chauffe, d'interrompre l'opération, de suspendre le brassage de la masse liquide, d'opérer des décantations opportunes et de laisser ainsi dans les premières eaux-mères une très grande partie du chlorure de magnésium, du carbonate et du sulfate de soude, qui, plus solubles que le chlorure de sodium, effectuent dès l'abord leur précipitation.

Les indigènes y gagneraient d'obtenir un produit beaucoup plus pur, dont la saveur salée plus vive satisferait mieux leur goût et qui, en tout état de cause, aurait une influence eupeptique meilleure que celle du *mongoul* obtenu par les méthodes grossièrement traditionnelles dont ils se transmettent l'usage de génération en génération.

Ils épuisent leurs paniers laveurs emplis de terre salifère avec l'eau des mares déjà chargée elle-même de substances salines, et ils concentrent le produit de la lixiviation dans des vases d'argile chauffés à feu nu.

Mais tantôt ils additionnent le liquide chaud de terres à efflorescences provenant des cuvettes près desquelles ils opèrent, et ajoutent même à la masse lixiviée les dépôts cristallins qui ne tardent pas à se former autour et à la base des paniers laveurs. Ils obtiennent ainsi le *mongoul* ou *mandda*.

Tantôt, au contraire, ils opèrent sans aucune addition à la masse cristalline primitive, et l'évaporation du liquide de lixiviation leur fournit le *faské*.

Les voyageurs racontent que, d'après les assertions des indigènes, le *mongoul* serait préférable au *faské*, par certaines de ses propriétés médicinales, sinon eupeptiques. Il est certain d'autre part que, envisagé sous sa seule qualité de sel comestible, le *faské* est plus pur que le *mongoul*, et par suite préférable à lui.

Peut-être, dès lors, MM. les sauniers de la région tchadienne sont-ils plus...

civilisés qu'on ne se le figure, et après avoir, dans un esprit de lucre, fabriqué rapidement et avec un rendement industriel supérieur du *mongoul* impur, de préférence à du *faské*, qui est de production moins rémunératrice, ont-ils eu l'habileté de répandre dans leur clientèle l'opinion — favorable à leurs intérêts — qu'il vaut mieux consommer le *mongoul* «saboté» que le *faské*. Nombre des publicités faites autour de certains produits alimentaires d'Europe n'ont pas une origine beaucoup plus louable.

Il est vrai que la loi de 1905 sur les falsifications n'est pas en vigueur au centre africain! Mais il serait peut-être possible et, en tout cas, il serait utile, au point de vue de l'hygiène bromatologique, de favoriser d'abord la production du *faské* de préférence à celle du *mongoul*, — puis de pousser à l'obtention d'un *faské* plus pur.

A ce point de vue, il est évidemment intéressant de se demander à quel moment les indigènes savent reconnaître qu'il est temps de cesser le lavage, que le liquide destiné à l'évaporation ne pourra plus s'enrichir en chlorure de sodium, et que le sulfate de soude va encombrer sans utilité la liqueur.

Comme ils ne pratiquent point de titrages sur des prises d'essai pendant les différentes phases de la lixiviation, ils ne peuvent s'en rapporter qu'à leur expérience et opèrent, disons le mot, d'une manière que règle le hasard! Il est curieux, néanmoins, qu'ils puissent suffisamment épuiser un pain pour ne lui laisser, comme dans celui qui est étiqueté Adebour, que 0.23 p. 100 de chlorure de sodium, tandis qu'il renferme 98.27 p. 100 de sulfate de soude. La quantité 0.23 p. 100 de chlorure de sodium qui reste dans le pain correspond, pour Adebour, à 1 gramme environ d'eau (humidité). Nous retrouverons ce même rapport dans l'analyse d'un échantillon d'eau de lavage d'Adebour : 234 NaCl p. 1000 d'eau.

Comme l'eau du puisard d'Adebour qui servait à l'épuisement de la terre renfermait seulement 14.324 de NaCl p. 1000 d'eau, il en résulte que le pain examiné a bien été épuisé complètement, mais que les indigènes ont su ne pas prodiguer l'eau inutilement. Sinon, ce n'est pas 0.23, mais 0.014 de chlorure de sodium pour 1 gramme d'humidité que nous aurions trouvé.

En tout état de cause cependant, et malgré la grande habileté empirique avec laquelle ils savent s'arrêter juste au moment où le chlorure de sodium a atteint son minimum dans le pain épuisé qui reste dans le panier laveur, un perfectionnement technique qu'il serait possible de leur faire adopter consisterait à employer l'eau froide pour la lixiviation et à mettre de côté les premières eaux de filtration qui sont riches en chlorure de magnésium, en carbonate et en sulfate de soude.

L'épuisement doit, en effet, être pratiqué avec de l'eau froide, car le sulfate de soude est bien moins soluble que le chlorure de sodium entre 0° et + 20°. A + 17°, sa solubilité est moitié moindre que celle du chlorure de sodium, tandis qu'à + 33°, elle dépasse d'un quart celle du chlorure de sodium.

L'effet le plus immédiat de la lixiviation aqueuse est donc d'entraîner les sels les moins abondants et les plus solubles, tels que le sulfate, le carbonate de soude et le chlorure de magnésium.

Ce n'est là du reste, pourrait-on dire, que le premier stade des améliorations à étudier dans la fabrication usuelle du sel soudanais : l'avenir nous permettra sans doute d'en étudier d'autres et de proposer tout un manuel opératoire dont l'adoption rendrait service à nos compatriotes résidant au Tchad, puisqu'elle leur permettrait de trouver sur place le sel pur que l'administration coloniale doit faire venir d'Europe, au prix de frais de transport très onéreux.

IX. SEL DU DALLOL FOGA.

L'échantillon de sel en barre étiqueté « Dallol Foga, sel en barre, linguet » se présente sous une forme irrégulièrement cylindrique, avec une longueur de 50 centimètres et un diamètre de 7 centimètres environ.

Le terme « sel en barre » employé pour le désigner est inexact, car il ne ressemble en rien au produit massif et à l'état de roche qu'est, par exemple, le sel de Taoudéni, apporté au Soudan par les caravaniers soudanais. C'est, au contraire, un aggloméré massif, de texture granuleuse, dont la couleur est d'un gris rougeâtre terreux. Après avoir pratiqué, environ vers le milieu de sa longueur, une coupe de tronçonnage épaisse de 2 à 3 centimètres, nous avons pulvérisé la portion ainsi détachée, de façon à obtenir un échantillon moyen dont l'analyse nous a fourni les résultats suivants :

Substances minérales anhydres dans 100 d'échantillon	90
Eau et matières organiques	10
Substances minérales insolubles dans les acides (silices, silico-aluminate)	2
Chlorure de sodium, en NaCl	53
Sulfate de soude, en Na^2SO^4	35

D'autre part, l'extrémité du linguet nous a donné les résultats suivants :

Substances minérales anhydres dans 100 d'échantillon	88
Eau et matières organiques	12
Substances minérales insolubles dans les acides	3
Chlorure de sodium, en NaCl	31
Sulfate de soude	66

L'intérieur de l'échantillon «Dallol Foga» est donc constitué par un mélange riche en chlorure de sodium, tandis que sa partie superficielle est surtout formée de sulfate de soude.

Il semble donc, d'après cette constitution, et d'après l'aspect macroscopique du cylindre, qu'un sel relativement assez pur ayant été obtenu (sans doute, par évaporation d'eaux-mères), ce produit a été amené à l'état pâteux, puis façonné en cylindre et enrobé dans un mélange salin beaucoup moins pur. L'ensemble a dû ensuite être séché au soleil.

C'est un manuel opératoire et une technique qui sont d'usage courant au Nord du Soudan, à Tegguida notamment et dans certains postes du Fezzan.

CHAPITRE II.

LE NATRON ET LES TERRES NATRONÉES DU TCHAD.

Nous avons procédé suivant la méthode générale de travail adoptée par nous pour l'étude du sel et des terres salines rapportées du Tchad, effectué séparément nos recherches dans le laboratoire de l'un de nous, et coordonné jusqu'à concordance les résultats obtenus.

Les terres natronées qui nous ont été soumises et que nous avons analysées ont des compositions élémentaires très différentes.

Le tableau suivant résume ces compositions :

	I. KALAKAMA. — VASE OÙ SE FORME le natron.	II. ADEBOUR. — NATRON.	III. KALAKAMA. — TERRE NATRONÉE autour de la mare.	IV. ZOUMBA. — NATRON.	V. DIERERA. — ANCIENNE MARE à natron.
Chlorure de sodium....	0.40	2.64	3.47	16.10	0.22
Chlorure de magnésium.	0.06	traces.	//	1.00	//
Carbonate de soude....	1.86	4.40	20.00	2.50	0.85
Sulfate de soude.......	1.68	80.96	26.53	56.40	5.93
Carbonate de chaux....	18.70	//	30.80	6.50	9.00
Sulfate de chaux......	2.00	//	2.00	2.50	2.00
Substances minérales insolubles dans les acides, (silice, silico-aluminates)............	60.00	10.00	14.00	10.00	72.50
Eau et matières organiques............	15.30	2.00	3.20	5.00	9.50

Le premier examen des chiffres portés à ce tableau suffit à montrer combien est variable la richesse en carbonate de soude des cinq échantillons analysés, puisqu'elle passe du minimum 0.85 p. 100 à un maximum de 20 p. 100. Ce maximum lui-même est peu élevé, et deux des échantillons ne peuvent guère être considérés que comme des formes de moules à natron. Ceci ressort à première vue du taux de leurs matières insolubles (Kalakama, n° I, et Dierera, n° IV). Les trois autres apparaissent plutôt comme des mines à sulfate de soude et le natron de Zoumba peut même être considéré comme une terre à chlorure de sodium plutôt que comme une source de natron. Mais il y a de tels liens entre ces différentes sortes de gisements naturels, — sel, sulfate de soude, carbonates de soude, carbonates de chaux et natron, — que les différences constatées ne sont en réalité qu'apparentes.

Ce qu'est le natron; ses usages possibles. — Le natron — soude carbonatée — est, à l'état pur, un carbonate de sodium répondant à peu près à la formule générale $CO^3Na^2 + 10H^2O$. Il se trouve dans la nature à l'état de solution, ou en mélange avec d'autres carbonates (trona, thermonatrite).

Sa composition suffit à montrer qu'il peut être considéré comme une «source de soude», comme un matériau industriel pouvant servir pratiquement à tous les usages des carbonates sodiques, notamment au nettoyage des étoffes, au dessuintage des laines et à la fabrication du savon.

Il n'est pas sans intérêt de noter à ce propos la confusion regrettable qui s'est parfois produite dans l'esprit de certains explorateurs entre le natron et les terres à chlorure de sodium; en d'autres termes, d'insister sur la nécessité de rechercher aux deux produits des usages différents, ceux qui précisément conviennent à la nature chimique de chacun d'eux.

Hypothèses sur la formation du natron soudanien. — Le natron n'est pas un corps défini, une entité chimique fixe et constante : c'est un produit de métamorphose, instable sous les moindres influences dans les solutions où il se forme, et dont la production dépend des saisons, de la température, du degré de concentration du liquide qui dissout les différents sels entrant dans sa composition.

C'est dire que la même région peut, suivant les époques, produire des terres natronées de richesses variables.

Parmi les différentes hypothèses auxquelles peut être rapportée la formation de ces corps si voisins les uns des autres, le natron égyptien, le trona saharien, le salant alcalin du Nord de l'Afrique, le Szekso hongrois, il n'est pas indifférent de rechercher celle qui peut le mieux s'adapter à la production du carbonate alcalin de la région située à l'Ouest du Tchad.

Pour répondre en toute connaissance de cause au problème qui se pose à ce sujet, il faudrait évidemment connaître avec exactitude la constitution du sous-sol, c'est-à-dire la géologie du Manga et du Damagarim. Toutefois, il est possible de trouver, dans la seule comparaison des échantillons analysés par nous avec les natrons de diverses provenances, des éclaircissements intéressants sur l'origine du natron existant dans les environs du Tchad.

Tout d'abord, d'après les renseignements qui ont été recueillis de diverses sources depuis quelques années, le sous-sol de la région tchadienne paraît formé par des roches granitiques. L'eau pluviale, toujours plus ou moins chargée d'acide carbonique, attaque ces roches, et le fait seul du lavage par elles des formations anciennes qui constituent l'assise sous-superficielle du pays suffit à expliquer la présence du carbonate de soude, aussi bien dans les eaux profondes que dans les sels tenus en suspension par elles et qui viennent efflorir dans les couches superficielles, suivant l'un quelconque des mécanismes connus.

Le natron d'Égypte. — Il est cependant nécessaire de rappeler à ce propos ce qui se passe en d'autres contrées.

Dans la Basse-Égypte, près d'Hermopolis et de Memphis, se trouve une vallée sablonneuse située à un niveau inférieur à celui du Nil et présentant des lacs dont la profondeur et les dimensions sont variables. Au-dessous du sable est située une couche d'argile d'un gris noirâtre qui contient des sels de soude, du carbonate de chaux et du gypse.

Pendant les inondations niliennes, ces lacs reçoivent une quantité importante d'eaux qui, dans leur parcours, ont dissous les sels qu'elles ont rencontrés. Ils sont, en outre, alimentés par de nombreuses sources plus ou moins salées.

Au cours de l'été, les plus petits de ces lacs se dessèchent en totalité, les plus grands en partie seulement, et sur leurs bords il persiste une croûte saline plus ou moins épaisse que les indigènes récoltent et qui renferme du carbonate de soude. On peut admettre qu'à la faveur d'une salure modérée et d'une température convenable, température que l'insolation prolongée suffit à assurer, ce carbonate de soude est formé suivant la réaction simplifiée :

$$CaCO^3 + 2NaCl = CO^3Na^2 + CaCl^2.$$

C'est le natron véritable.

On le recueille à l'état de poudre blanche, composée en grande partie d'un hydrate à une molécule d'eau (thermonatrite), de formule $CO^3Na^2 + H^2O$, et qui ne renferme que très peu de bicarbonate, CO^3NaH.

Le trona saharien. — Sur les confins et au Nord du Sahara français, dans la vallée de l'Oued Djedi, dans certains bas-fonds du M'zab, dans la longue dépression de l'Oued R'hir, en une région où, à certaines époques de l'année, une végétation intense mais fugitive envahit et encombre les *sebkas*, le trona, mélange de carbonate et de sesquicarbonate de soude, se dépose en quantités très faibles avec le sulfate de chaux et le chlorure de sodium. Les eaux y sont relativement peu salées, beaucoup moins que ne le sont celles qui descendent du versant Sud des Aurès, mais elles sont plus riches en gypse. Il est vraisemblable que les carbonates alcalins s'y forment par une réaction chimique très analogue à celle dont le mécanisme a été indiqué plus haut, mais plus encore peut-être par l'action complexe de la végétation sur le chlorure sodique, par celle d'organismes microbiens encore inconnus ou par celle qu'exercent ensemble les carbonates des eaux et l'acide carbonique de l'air sur les produits de la réduction des sulfates alcalino-terreux par les matières organiques d'origine végétale.

Ces phénomènes sont fréquents entre le 30° et le 35° degré de latitude Nord. A partir du pied de la falaise de Tinghert, en remontant la route de l'Aïr dans la direction des Ahoggars, ils diminuent, puis disparaissent. L'eau devient de plus en plus pure, — c'est le cas de l'eau de Temassinine, qui est très agréable à boire; — le gypse, enfin, fait place à la silice.

D'après les remarques de M. Dugast, directeur de la station agronomique d'Alger, et d'après les observations personnelles de l'un de nous, observations qui n'ont fait d'ailleurs que confirmer les travaux antérieurs effectués par d'autres ingénieurs-chimistes, le carbonate de soude se dépose facilement quand on évapore les eaux de certains chotts des Hauts-Plateaux algériens. Certaines de ces eaux ont pour caractéristique essentielle d'être riches en chlorure de sodium, en sulfate de soude, en acide carbonique et en carbonate calcique (salant alcalin).

Deux réactions semblent présider à la formation du carbonate de soude appelé lui-même « salin alcalin » ou « salant noir ». Ce sont les suivantes :

$$CO^3Ca + 2NaCl = CO^3Na^2 + CaCl^2$$
$$CO^3Ca + SO^4Na^2 = CO^3Na^2 + SO^4Ca.$$

Il faut une température élevée et une salure appropriée pour que ces réactions puissent se produire intégralement. Une salure de 8 p. 100 retarde et parfois même entrave absolument leur marche.

Dès que les conditions cessent d'être favorables à la formation du carbonate alcalin, il y a rétroaction et retour à l'état primitif. C'est ce qui explique que le salant alcalin n'a souvent qu'une durée éphémère et n'est pas toujours d'une observation aisée, l'équilibre chimique se trouvant facilement modifié par les conditions du milieu.

La réaction inverse est à la fois plus facile et plus rapide avec les chlorures qu'avec le sulfate de chaux, qui, relativement peu soluble, entre en réaction avec moins de facilité.

D'autre part, si on considère que le salant alcalin peut contenir, avec les chlorures et les sulfates, des sulfates alcalins ou des sulfates terreux, K^2SO^4, Na^2SO^4, $CaSO^4$, $MgSO^4$, on voit combien sa composition peut varier suivant les conditions propres au milieu.

Les carbonates alcalins obtenus par évaporation des eaux de ces mares algériennes (*sebkas*) ne sont pas de composition uniforme et leur teneur, soit en carbonate, soit en sesquicarbonate de soude, est fort variable suivant les saisons et suivant les années.

Le natron du Tchad. — Il convient maintenant de comparer les éléments des deux types de terre natronée du continent africain avec le natron rapporté par la mission Tilho et qui est étiqueté « Kalakama : terre natronée autour de la mare ». Il vient :

	NATRON ALGÉRIEN.	NATRON ÉGYPTIEN.	NATRON DE LA RÉGION DU TCHAD.
Chlorure de sodium	2.40	8.16	3.47
Chlorure de magnésium	0.60	//	//
Carbonate et sesquicarbonate de soude	20.63	66.12	20.00
Sulfate de soude	15.12	2.15	26.53
Carbonate de chaux	42.00	//	30.80
Sulfate de chaux	4.00	//	2.00
Substances minérales insolubles	12.50	4.31	14.00
Eau et matières organiques	2.75	19.26	3.20

Il y a la plus grande analogie entre la terre natronée du Manga et le natron algérien.

Tous deux sont remarquables par leur richesse en sulfate de soude et en carbonate de chaux, ainsi que par leur teneur élevée en argile, tandis que, dans le natron égyptien, c'est le chlorure de sodium qui domine, alors que le taux des matières insolubles est très faible.

Ce dernier paraît représenter le stade terminal d'un phénomène en quelque sorte évolutionnel, auquel on pourrait donner le nom de natronisation [1]. Des éléments générateurs nécessaires à sa production (sels de soude et carbonates), il ne reste en lui que bien peu de chose. La réaction a été complète.

Dans les deux autres types, au contraire, elle semble avoir commencé, puis s'être arrêtée subitement; les éléments générateurs $CaCO^3$ et $NaSO^4$ dominent; d'ailleurs, les quantités de carbonates alcalins formées sont bien inférieures à celles que l'on trouve dans le natron égyptien.

Cet arrêt dans la natronisation a peut-être été motivé par une évaporation trop brusque, mais — qu'il ait eu cette cause ou qu'il soit la conséquence de la salure insuffisante du liquide primitif, d'une température peu propice, trop

[1] Il ne nous paraît pas invraisemblable de supposer qu'une action microbienne encore obscure préside à cet ensemble de phénomènes évolutifs et qu'on puisse concevoir l'existence de microorganismes natronisateurs analogues aux microbes nitrificateurs.

faible ou trop élevée, ou encore d'une réaction inverse dont les raisons déterminantes ou efficientes demeurent obscures — il a dans les deux cas une analogie très grande.

Au surplus, le natron du Tchad, comme le salant du Nord de l'Afrique, se présente sous l'aspect de croûtes à salinité indistincte; leur formation à tous deux doit procéder de mécanismes très analogues dans les deux cas.

Ce qui précède se rapporte uniquement à l'échantillon étiqueté «Kalakama : terre natronée». Lui seul mérite ce nom, parmi ceux qu'il nous a été donné d'analyser.

Les autres ne renferment que des proportions faibles de carbonate de soude (5 p. 100 au maximum).

Il se pourrait que celui de Zoumba soit une terre en voie de natronisation, étant données sa teneur élevée en sulfate de soude et la proportion suffisante de carbonate de chaux qu'elle renferme.

L'échantillon étiqueté «Adebour : natron» est simplement de la thénardite, Na^2SO^4, en cristaux orthorhombiques, constituant des croûtes presque blanches. Un commencement de natronisation s'y est produit, mais la masse ne renferme plus de carbonate de chaux.

Quant aux échantillons étiquetés «Kalakama : vase où se forme le natron» et «Dierera : ancienne mare à natron», on peut les considérer comme étant uniquement les parois, les revêtements argileux des mares où s'est opérée naguère la natronisation. Dans leur état actuel, ils sont incapables de participer à la formation des carbonates alcalins.

CHAPITRE III.

LES EAUX POTABLES DE LA RÉGION DU TCHAD.

Pour l'étude des eaux potables rapportées par la mission Niger-Tchad, nous n'avons rien changé à la méthode de travail adoptée par nous pour l'étude des divers échantillons dont l'analyse nous a été confiée.

Nos recherches, effectuées séparément dans le laboratoire de l'un de nous, ont été coordonnées jusqu'à parfaite concordance des résultats obtenus.

Les eaux potables rapportées par la mission étaient contenues dans des bouteilles en verre, cachetées et capsulées. Les bouchons de liège étaient en bon état et assuraient une fermeture aussi parfaite qu'il pouvait être possible de le souhaiter.

Nous avons examiné successivement :

L'eau de Dierera.

L'eau d'Adebour.

I. EAU DU PUITS DE DIERERA.

L'échantillon est incolore : un léger dépôt s'est produit dans le fond de la bouteille.

Le liquide, après repos, est parfaitement limpide, sans odeur comme sans saveur particulières.

L'eau ne contient pas d'autre gaz que de l'air dissous. Elle est sans action sur la teinture de tournesol sensibilisée.

L'analyse minérale a fourni les résultats suivants :

Résidu anhyre	0.295
Chlorure de sodium, en NaCl	0.117
Sulfate de soude, en Na^2SO^4	0.154
Sulfate de chaux, en $CaSO^4$	traces.
Carbonate de soude, en Na^2CO^3	traces.
Sels magnésiens	traces.
Silice, alumine, indéterminés	0.024

Le dépôt laissé par l'eau est entièrement constitué par :

Carbonate de chaux	0.112

(Le liquide n'en contient plus de traces.)

Par suite, la composition minérale de l'eau au moment de son captage peut être représentée comme suit :

Acide carbonique en CO^2, à l'état combiné	0.049
Chlorure de sodium, en NaCl	0.117
Sulfate de soude, en Na^2SO^4	0.154
Sulfate de chaux, en $CaSO^4$	traces
Carbonate de chaux, en $CaCO^3$	0.112
Silice, alumine indéterminés	0.024
Poids total des sels anhydres	0.456

Nous avons fait également sur cette eau les déterminations suivantes :

Dosage des azotates (*par le procédé Grandval et Lajoux*);

Dosage des azotites (*par méthode colorimétrique : naphtylamine et acide sulfurique*);

Dosage de la matière organique (*par le procédé Albert Lévy*);

Dosage de l'ammoniaque libre (*par le procédé de Wanklyn et Chapman*);

Dosage de l'ammoniaque albuminoïde (*par le procédé de Wanklyn et Chapman*).

Nous avons obtenu les résultats suivants :

Azotates	$0^{gr}003$
Azotites	néant.
Oxygène emprunté au permanganate en solution saline	$0^{gr}0028$
Ammoniaque libre	$0^{gr}000018$
Ammoniaque albuminoïde	$0^{gr}000054$

L'eau de Dierera présente tous les caractères d'une eau potable excellente.

Il n'existe dans le Sahara du Nord aucune source qui soit aussi pauvre en principes minéraux.

Sa teneur en chlorure de sodium est supérieure à celle de l'eau du Tchad dans les points où son minimum de salinité a pu être constaté.

Elle est plus salée que celle du Nil blanc qui, pourtant, donne un résidu total se rapprochant sensiblement de celui de l'eau de Dierera : $216^{mg}5$. Le Nil, du reste, à mesure que son cours se développe, voit croître sa richesse en chlorure sodique. Elle passe de $3^{mg}8$ (évaluation en Cl, $6^{mg}2$ en NaCl) à un maximum qui atteint, au Caire, 26^{mg} en Cl ou $42^{mg}8$ en NaCl. Cet accroissement de salinité coïncide avec un accroissement du résidu minéral, lequel atteint $0^{gr}260$, et, bien que ce résidu se rapproche de plus en plus de celui de l'eau qui nous occupe, le taux de NaCl à Dierera reste encore supérieur.

Une autre remarque peut être faite en examinant ce qui se passe dans les eaux de longue translation, comme sont celles du Nil (translation superficielle), ou certaines eaux artésiennes du Sahara (translation souterraine) et dans celles du Manga.

Les premières déposent en route leur carbonate de chaux. Les eaux du Nil blanc accusent jusqu'à 81^{mg} p. 1000 de CO^2, correspondant à 0,280 $CaCO^3 + CO^2$. Au Caire, il n'en reste plus. Les eaux courantes du Haut-Igarghar en renferment de 40 à 50^{mg}; dans les puits profonds de l'oued Rhir, ces mêmes eaux en sont privées.

A Dierera, le processus est différent : le carbonate privé de son dissolvant a gagné le fond des bouteilles, mais sa présence même dans le dépôt précipité indique qu'il existait au moment du captage.

Nous croyons être en droit d'induire de la comparaison ainsi instituée que les points d'infiltration d'où proviennent les eaux de Dierera sont relativement peu éloignés des points d'émergence, et en tous cas le sont beaucoup moins que pour l'Igarghar, lequel glisse, pendant plus de 700 kilomètres, ses eaux sous le manteau saharien. Par contre, les eaux des Aurès qui viennent émerger au Sahara après 100 kilomètres au plus d'infiltration gardent une grande partie de leur carbonate calcique. Les eaux potables du Manga leur ressemblent sur ce point.

Il paraît, au premier abord, surprenant que des eaux puissent être aussi pures que celles de Dierera, en une région où les eaux des mares sont aussi chargées en sels divers. Ceci, pourtant, n'a rien d'exceptionnel, et peut même être considéré comme presque normal dans les pays riches en dépôts salins et en efflorescences.

Pour expliquer la présence simultanée dans une même région d'eaux de compositions élémentaires très différentes, rappelons brièvement ce qu'on peut voir à Aïn-Taïba.

C'est un petit lac circulaire de 100 mètres au plus de diamètre, situé au fond d'un entonnoir conique de 30 mètres de profondeur, dans les dunes de l'Erg sur la route des Hoggars. C'est le point d'eau le plus isolé de la contrée : dans un rayon de 150 kilomètres autour de lui, on ne rencontre pas un seul puits.

Ce *bahar* est une véritable natronnière : le résidu salin de son eau, qui dépasse 30 grammes par litre, renferme 20 grammes de carbonates alcalins. Cependant, si on creuse au côté Sud un puits dans la paroi du cône, on trouve, à une profondeur de quelques mètres seulement, une eau qui — pour le Sahara — peut être considérée comme absolument potable. Le résidu total en est de 0gr520 seulement par litre; il est constitué par un mélange de chlorure de sodium, de sulfates et de carbonates alcalino-terreux. C'est dire que cette eau est « un grand cru », une boisson de luxe, parmi les liquides séléniteux qui s'offrent seuls aux voyageurs dans la région déshéritée étendue de Bel-Haïrane à Témassinine[1].

Les premiers voyageurs qui en ont fait usage pour se désaltérer se sont montrés extrêmement surpris du contraste offert par deux liquides si voisins et pourtant si dissemblables.

L'eau de la mare d'Aïn-Taïba a la même origine que celle du puits creusé dans son abord immédiat : c'est une eau de translation lointaine. Après s'être infiltrée dans la falaise de Tinghert, elle a circulé entre deux couches de marnes imperméables, puis abouti à la mare; mais celle-ci est constamment soumise, en été, à une évaporation rapide ; elle n'a pas de déversement possible, et, de plus, comme elle est entourée d'une abondante végétation de roseaux, les nomades ou les caravaniers sont contraints d'employer l'incendie pour dégager ses approches, afin de forer les puits extemporanés qui leur fournissent l'eau potable dont ils ont besoin. Les cendres produites sont poussées par le vent dans l'eau de la mare où elles se dissolvent partiellement, et leurs principes solubles viennent certainement augmenter dans une mesure appréciable le poids des carbonates alcalins qui constituent le résidu fixe de cette eau. Par suite, il n'est pas surprenant que l'eau prise directement aux artères souterraines qui aboutissent à la mare d'Aïn-Taïba soit plus pure que l'eau de la mare elle-même.

Dans les dunes gypseuses du Souf, à 100 kilomètres à l'Est de Tougourt, dans un coin perdu, loin de toute végétation, on rencontre de même le puits de Taïbet-el-Gueblia, qui donne une eau ne laissant pas plus de 1 gramme par litre de résidu minéral, alors que les eaux profondes du Souf et de l'Erg ne déposent guère moins de 3 grammes par litre. Des profondeurs du désert, les chasseurs d'antilopes et de gazelles y viennent remplir leurs outres, et pendant longtemps, la garnison de Tougourt y faisait puiser, malgré la distance, toute son eau de boisson.

[1] Le sens du mot « potable » est, au Sahara, extrêmement étendu. Une eau dont le résidu salin oscille entre 1 gramme et 1gr50 par litre est une eau excellente pour les Arabes, et cela, quelle que soit la composition de son résidu. Elle est connue de très loin, vantée dans les termes les plus élogieux. Les caravanes font de longs détours pour boire à sa source. Telle est, par exemple, l'eau de Taïbet-el-Gueblia, entre Tougourt et El-Oued.

L'Arabe du Sud boit couramment de l'eau renfermant par litre 3gr50 de matières salines diverses.

Les animaux, cheval, âne, chameau, se désaltèrent encore avec de l'eau dont le résidu salin total atteint 10 grammes par litre.

Les eaux qui, infiltrées dans les parties les plus hautes des falaises du Tadmayt, viennent aboutir à Ouargla, sous les longues couches de marnes de la vallée de l'*oued* Mya, renferment environ 1 gramme de sels divers par litre, alors que les eaux des chotts de la même région contiennent par litre jusqu'à 10 grammes de chlorures et de sulfates.

On pourrait multiplier les exemples analogues.

Les eaux superficielles du Touat et celles de la vallée de l'*oued* Botha sont très salées et très chargées en résidu extractif, tandis que les eaux d'alimentation de Ksar-el-Kébir (In-Salah), amenées par ces longues galeries souterraines qu'on appelle *feggaguirs* [1], sont fraîches, agréables à boire et ne renferment pas plus de 1 gr. 50 de sels divers. Elles viennent du versant Sud de cette immense falaise du Tadmayt qui alimente Ouargla au Nord.

Les eaux des *ouadis* superficiels du Tidikelt sont impotables, comme le sont les eaux des *bahars* du Nord, mais, à côté d'elles, on trouve des eaux profondes très acceptables et présentant les mêmes groupements et les mêmes rapports salins.

Ainsi, des régions séparées par un millier de kilomètres présentent le même mécanisme hydrographique!

Cette digression a pu sembler un peu longue : elle nous a cependant paru nécessaire pour mettre convenablement en lumière une intéressante particularité du continent africain où les divers bassins sont remarquables avant tout par l'unité et par la continuité de leurs formations géologiques.

Nous retrouvons dans le Manga, comme dans la région d'El-Haïcha, comme au pied du Tadmayt, les mêmes vastes étendues où il est presque impossible de tracer un réseau hydrographique, les mêmes dépressions ou chapelets de dépressions séparées par des seuils semblables.

Ici ou là, ces dépressions paraissent avoir pour origine la dissolution des lentilles de roches solubles (gypse, sels alcalins), comme semble le prouver l'existence de nombreuses mares à natron. Dans la région du Tchad, comme dans le Sahara du Nord, à côté des eaux impotables peu profondes, surgissent des eaux pures, circulant sous des couches de marnes qui les mettent à l'abri des souillures superficielles et dont l'origine est peut-être très lointaine.

II. EAU D'ADEBOUR.

L'échantillon de cette eau qui nous a été remis était limpide, sans odeur et sans saveur appréciables. Le dépôt était nul.

[1] Les canaux qu'on a découverts dans certaines régions de l'Égypte, sur la rive gauche du Nil, nés des oasis de Garals et El-Aradj, sont identiques par leur structure et jusque dans les moindres détails de leur organisation, aux *feggaguirs* d'In-Salah.

Son analyse a fourni les résultats suivants :

Chlorure de sodium, en NaCl	0.026
Sulfate de soude, en Na^2SO^4	0.154
Sulfate de chaux, en $CaSO^4$	traces.
Silice, alumine, indéterminés	0.011
Résidu anhydre total	0.191

L'eau d'Adebour est remarquable par sa pauvreté en sels minéraux. Sa minéralisation très faible rappelle absolument celle des sources situées en terrain jurassique.

Ce caractère rend plus frappant encore le contraste existant entre les eaux des mares qui ont lixivié les terrains salifères et celles qui ont pu circuler à l'abri des contaminations et des souillures de la surface.

La recherche des nitrates et des nitrites a donné un résultat négatif, et le dosage de la matière organique, qui tient d'ailleurs une place très minime, n'a fourni aucune indication de nature à retenir l'attention.

L'eau du puits N'gor Kougaa d'Adebour, malgré la distance (100 kilomètres) qui sépare ce puits du lac Tchad, a une salure semblable à celle des eaux du vaste réservoir Centre-Africain. C'est également la salure du Chari (Djimtilo) et de l'affluent Ouest du lac, la Komadougou Yoobé à Gueskérou (4 octobre 1908).

III. CONCLUSION.

En résumé, les eaux libres et celles de translation profonde paraissent ne pas devoir atteindre 0 gr. 12 de chlorure de sodium par litre dans toute la région qui encercle le Tchad.

CHAPITRE IV.

L'EAU DU TCHAD.

Il nous a été remis aux fins d'analyse une ampoule scellée qui contenait des infusoires baignant dans 20 centimètres cubes d'eau du Tchad. C'est dire que l'échantillon qui a servi à nos recherches était beaucoup trop restreint pour nous permettre une analyse complète.

Nous avons, dès lors, été contraints de nous borner à peser le résidu total et à effectuer le dosage du chlorure de sodium. Toute autre détermination quantitative eût fourni des résultats numériques à tout le moins très hasardeux et pratiquement inexistants.

L'eau examinée par nous a été prise à Bol (île du S. E. du Tchad), sur la rive, à 50 centimètres de profondeur, dans une lagune de 300 à 400 mètres de largeur, avec un courant de surface assez sensible dirigé du Nord vers le Sud. Le fond était sablonneux; l'île elle-même est sablonneuse et domine d'une douzaine de mètres les eaux du lac.

Nous avons obtenu les résultats numériques suivants, pour 1,000 centimètres cubes :

Résidu minéral anhydre total		0.993
Chloruration...	Évaluée en Cl	0.020
	Évaluée en NaCl	0.032
Sels de chaux		pas de traces.
Sels magnésiens indosés		traces.
Sulfates alcalins indosés		traces.
Indéterminé		0.073

L'eau du Tchad est donc douce, très pure, peu minéralisée, comme l'eau des grands fleuves, tels que le Chari, l'Ouémé, le Congo, le Niger.

Sa minéralisation est inférieure à celle du Nil blanc qui donne, comme résidu, 0 gr. 112 au minimum et 0 gr. 216 au maximum par litre.

Quelque jour, nous connaîtrons sans doute d'une façon parfaite les oscillations des résidus fixes du Tchad dans les différents points de sa surface et de sa profondeur; il pourra alors être fait une étude très intéressante, qui suscitera des aperçus d'ensemble nouveaux — et jusqu'ici parfaitement ignorés — sur le mécanisme orographique comme sur l'allure hydrologique des lacs et des fleuves africains.

L'échantillon d'eau que nous avons à notre disposition, ayant été conservé en ampoule scellée, ne peut avoir subi aucune concentration ; nous sommes donc en droit de faire état des résultats que nous a fournis son analyse.

Si, par ailleurs, nous examinons les données numériques établies par les diverses analyses de l'eau prise en différents points du lac, analyses qui ont précédé la nôtre, nous sommes amenés à constater combien la chloruration est faible dans la partie la plus méridionale du Tchad, et combien la proportion de chlorure de sodium se maintient régulière.

Ainsi, à Bol même, entre le 20 février et le 31 juillet 1908, neuf prélèvements ont été opérés, qui ont donné un taux uniforme de 0 gr. 033 de chlorure de sodium pour 1,000 centimètres cubes d'eau, correspondant à : Cl = 0,02.

L'eau du lac à Yacoua le 15 juin, à Marakou du 10 juillet au 5 août, a la même salure : Cl = 0,02 pour 1000. C'est le même nombre que celui qui a été fourni par notre analyse.

Il représente la moyenne de la chloruration des eaux libres du lac dans la partie la plus voisine des affluents et la plus soumise à leur influence. C'est également la salure de l'eau du puits d'Adebour, celle des affluents du lac, de la Komadougou Yoobé (Bosso), du Chari (Djimtilo). Dans la partie Nord du lac, au contraire, la chloruration atteint des chiffres plus élevés, mais qui sont encore relativement bien faibles : 0 gr. 04 à Mattégou ; 0 gr. 06 à Kaïoua et à Garoa ; 0 gr. 07 à Gortowalla ; 0 gr. 08 à N'Gollom[1] (évaluation faite en Cl).

CONCLUSIONS.

Nous sommes loin, avec le Tchad, des lacs réellement salés, du chott Melrir, par exemple (qui, par son ampleur, mérite, dans une certaine mesure, d'être cité ici, à titre de terme de comparaison, bien que l'ensemble des chotts du Djérid n'atteigne pas, au point de vue de sa superficie totale, celle du grand lac soudanien) : au moment des grandes crues, celui-ci renferme encore plus de 2 grammes de chlorure de sodium par litre.

L'impression qui se dégage à la lecture des chiffres analytiques caractérisant l'eau du Tchad et celles de toute la région circonvoisine est que *le lac doit « fuir » quelque part*, qu'*il n'a pas le temps de se concentrer.*

Nous serions, de plus, tentés de dire qu'il doit exister dans la région circum-

[1] Il ne nous paraît pas douteux que, dans le Nord et le Nord-Est du lac, la concentration des eaux se manifeste dans le rapport approximatif de 4/1 ; — c'est-à-dire, que l'eau de ces régions subit une concentration quatre fois plus forte qu'au Sud du lac, par suite de la difficulté du renouvellement des eaux, de la tranquillité de la masse, de l'absence de profondeur, d'autres actions peut-être encore que nous ne connaissons pas (régime des vents, insolation, configuration du sol, etc.).

tchadienne une nappe d'eau souterraine ou des cours d'eau souterrains qui, *directement ou indirectement,* viennent alimenter le Tchad.

Nous irions même volontiers jusqu'à croire que le grand lac du Centre-Africain n'est pas autre chose que *l'épanouissement d'une vaste étendue d'eau souterraine,* et, s'il est permis de s'exprimer ainsi, que *l'anévrisme visible d'une immense artère, mi-superficielle, mi-profonde.*

On trouvera peut-être qu'il est téméraire, de la part de deux chimistes, de formuler semblable hypothèse, et qu'elle a bien des chances d'être erronée. Mais une hypothèse n'est pas une affirmation, et, en tout état de cause, la nôtre a l'avantage d'apporter une explication plausible aux irrégularités constatées par les voyageurs dans l'allure générale de l'immense nappe d'eau soudanienne.

APPENDICE.

Nous donnons ci-après les résultats des dosages du chlore contenu dans divers échantillons d'eau prélevés dans le lac Tchad, dans deux de ses affluents, dans diverses aiguades des Pays-Bas du Tchad et dans le lac Fittri.

Ces dosages ont été effectués par le savant océanographe Dr Johs Schmidt, docteur ès sciences, membre de la Commission pour l'exploration de la mer, directeur du Laboratoire de Carlsberg (Danemark), d'après la méthode titrimétrique chromo-argentique, préconisée par le «Conseil international pour l'exploration de la mer». Le procédé consiste à déterminer la teneur en chlore d'un échantillon par comparaison avec celle connue d'avance d'un échantillon d'eau de mer (*standard water*), ce qui donne une détermination des plus précises.

Le Dr Johs Schmidt nous écrivait à ce sujet :

«J'ai l'honneur de vous informer que les échantillons d'eau que vous m'avez envoyés me sont parvenus en bon état et que la proportion de Cl en a été dosée, comme il a été convenu entre M. Charles Rabot, de la Société de géographie de Paris, et moi.

«Dans beaucoup de cas, la présence de H^2S et de différentes autres substances a entravé le dosage du Cl; cependant j'espère avoir réussi à surmonter ces difficultés, de sorte que la détermination des valeurs trouvées soit aussi exacte que possible dans le présent cas.»

On sait qu'en ce qui concerne l'eau de mer, il existe une certaine proportion entre la teneur en Cl d'un échantillon et sa teneur totale en sel dissous (salinité), qui permet, à l'aide des Tables de Knüdsen, de passer avec certitude de la première à la seconde.

Il va de soi que, lorsqu'il s'agit de l'eau d'un lac ou de toute autre nappe liquide, une telle conversion ne saurait être légitime, et que, dans ce cas, la «salinité» ne peut être obtenue que par des analyses complètes.

Mais l'essentiel dans la question qui nous occupe était de savoir si la région du Tchad est un bassin de mer ancienne ou non, et, à cet égard, les nombres trouvés par l'analyse titrimétrique ne laissent pas que d'être fort persuasifs; ils nous permettent de répondre à la question posée par la négative.

TABLEAU INDIQUANT LE DEGRÉ DE CHLORURATION DE L'EAU DU LAC TCHAD ET DE CELLE DE DIVERSES NAPPES LIQUIDES DES PAYS-BAS DU TCHAD.

RÉGIONS.	POINTS OÙ FURENT FAITS les prélèvements.	RÉCIPIENT DANS LEQUEL a été rapporté l'échantillon.	PRÉLÈVEMENTS.		TEMPÉRATURE AU MOMENT du prélèvement		DOSAGE du CHLORE.	OBSERVATIONS.
			DATES.	HEURE.	DU LIEU.	DE L'EAU.	Cl o/oo.	
	Bol	Bouteille cachetée.	20 février 1908.	7^h m.	″	″	0.02	Eau puisée directement dans le lac.
	Idem	*Idem.*	2 mars 1908.	7^h m.	″	″	0.02	*Idem.*
	Idem	2 ampoules 50 cc.	21 mai 1908.	4^h35 s.	38°,7	32°,7	0.02	*Idem.*
	Idem	*Idem.*	30 mai 1908.	4^h15 s.	35°,6	34°,8	0.02	*Idem.*
	Idem	*Idem.*	14 juin 1908.	3^h s.	40°,5	37°,6	0.02	*Idem.*
	Idem	*Idem.*	1er juillet 1908.	2^h10 s.	34°,6	32°,5	0.02	*Idem.*
	Idem	*Idem.*	15 juillet 1908.	3^h15 s.	30°,5	30°,3	0.02	*Idem.*
	Idem	*Idem.*	31 juillet 1908.	2^h30 s.	34°,8	33°,2	0.02	*Idem.*
	Yacoua	*Idem.*	5 juin 1908.	2^h s.	36°,3	34°,8	0.02	*Idem.*
Tchad...	Marakou	*Idem.*	10 juillet 1908.	2^h s.	33°,5	31°.8	0.02	*Idem.*
	Partie Sud du lac (eaux libres).	*Idem.*	2 août 1908.	″	27°,4	25°,3	0.02	*Idem.*
	Idem	*Idem.*	4 août 1908.	″	27°,4	25°,3	0.02	*Idem.*
	Idem	*Idem.*	5 août 1908.	″	27°,4	25°,3	0.02	*Idem.*
	Partie N. du Tchad asséché en 1908. — Mattégou	*Idem.*	22 sept. 1908.	8^h45 m.	26°,1	23°,2	0.04	Puits dans un bahr récemment desséché.
	N'Golloum	*Idem.*	23 sept. 1908.	9^h m.	26°.2	23°.9	0.08	*Idem.*
	Kaoua	*Idem.*	24 sept. 1908.	9^h30 m.	22°,8	24°,7	0.05	*Idem.*
	Garoa	*Idem.*	24 sept. 1908.	9^h45 m.	23°.1	25°,5	0.06	*Idem.*
	Gortowalla	*Idem.*	25 sept. 1908.	10^h30 m.	29°.7	27°.9	0.07	*Idem.*
	Komadougou (Bosso).	Bouteille cachetée.	9 nov. 1907.	1^h s.	″	″	0.02	Eau prélevée au milieu du courant.
Affluents du Tchad.	*Idem*	*Idem.*	11 déc. 1907.	7^h m.	″	″	0.01	Eaux basses, rivière sans écoulement.
	Komadougou (Gueskérou).	2 ampoules 50 cc.	4 octobre 1908.	3^h35 s.	33°,7	32°,1	0.02	*Idem.*
	Chari (Djimtilo)	1 ampoule 50 cc.	6 août 1908.	5^h15 s.	26°,8	27°,3	0.02	*Idem.*
	Kaoua	Bouteille cachetée.	2 mars 1908.	″	″	″	0.06	Puits peu fréquenté du village.
	Idem	*Idem.*	2 mars 1908.	″	″	″	0.02	Puits le plus fréquenté du village.
Abords du Tchad.	N'Guigmi	*Idem.*	27 mars 1908.	″	″	″	0.02	Puits du village.
	Idem	2 ampoules 50 cc.	29 sept. 1908.	5^h30 s.	31°,5	22°,5	0.04	*Idem.*
	Idem	Bouteille cachetée.	29 sept. 1908.	″	″	″	0.03	*Idem.*
	Kindirom	2 ampoules 50 cc.	1er octobre 1908.	3^h s.	32°,8	31°,2	0.02	*Idem.*
	Baroa	*Idem.*	2 octobre 1908.	3^h15 s.	32°,2	31°,5	0.04 0.03	*Idem.*
	Puits de Mao	Bouteille cachetée.	3 mai 1908.	″	″	″	0.01	Puits du jardin du poste.
	Mare Mao	*Idem.*	3 mai 1908.	″	″	″	8.00	Mare permanente de 6 à 8 hectares de superficie située à 1,500m au Nord du poste de Mao.
	Idem	*Idem.*	3 mai 1908.	″	″	″	8.31	*Idem.*
Kanem..	*Idem*	*Idem.*	3 mai 1908.	″	″	″	7.67	*Idem.*
	Puisard près de la mare Mao.	*Idem.*	3 mai 1908.	″	″	″	3.86	Le puisard a été creusé à 2 mètres du bord de la nappe superficielle de la mare.
	Idem	*Idem.*	3 mai 1908.	″			3.97	*Idem.*
	Kiri	*Idem.*	8 mai 1908.	″		″	0.02	Puits utilisés par les gens du village.

RÉGIONS.	POINTS OÙ FURENT FAITS les prélèvements.	RÉCIPIENT DANS LEQUEL a été rapporté l'échantillon.	PRÉLÈVEMENTS. DATES.	PRÉLÈVEMENTS. HEURE.	TEMPÉRATURE AU MOMENT du prélèvement DU LIEU.	TEMPÉRATURE AU MOMENT du prélèvement DE L'EAU.	DOSAGE du CHLORE.	OBSERVATIONS.
							Cl o/oo.	
Bahr el Ghazal.	Bir Daoud	Bouteille cachetée.	13 mai 1908.	"	"	"	0.02	Puits.
	Bir Gara	*Idem.*	18 mai 1908.	"	"	29°,8	0.01	*Idem.*
	Idem	*Idem.*	18 mai 1908.	"	"	"	0.01	*Idem.*
	Am Seleb	*Idem.*	4 juin 1908.	"	"	"	0.02	*Idem.*
	Idem	*Idem.*	4 juin 1908.	"	"	"	0.02	*Idem.*
	Bourdoumanga	*Idem.*	11 juin 1908.	"	"	28°,6	0.02	*Idem.*
	Idem	*Idem.*	11 juin 1908.	"	"	"	0.03	*Idem.*
	Am Roya	*Idem.*	20 juin 1908.	"	"	"	0.11	*Idem.*
	Bossa	*Idem.*	24 juin 1908.	"	"	"	0.08	*Idem.*
Fittri	Fittri	*Idem.*	27 mai 1908.	"	"	"	0.03	Puisée dans le lac.
	Idem	*Idem.*	27 mai 1908.	"	"	"	0.02	*Idem.*
Egueï	Hangara	*Idem.*	5 juin 1908.	"	"	"	0.43	Puits.
	Sekbah	*Idem.*	8 juin 1908.	"	"	"	0.31	*Idem.*
Toro-Gossom-Korou.	Gouradi	*Idem.*	21 mai 1908.	"	"	"	0.40	*Idem.*
	Idem	*Idem.*	21 mai 1908.	"	"	"	0.39	*Idem.*
	Koro-Kidinga	*Idem.*	27 mai 1908.	"	"	"	0.34	*Idem.*
	So-Yamoussa	*Idem.*	29 mai 1908.	"	"	"	0.35	*Idem.*
	Toro-Doum	*Idem.*	30 mai 1908.	"	"	"	0.41	*Idem.*
Eau potable de Copenhague		...	...	...	...	...	0.03	

www.ingramcontent.com/pod-product-compliance
Ingram Content Group UK Ltd.
Pitfield, Milton Keynes, MK11 3LW, UK
UKHW020348250726
13967UKWH00005B/2176